普通高等教育"十三五"规划教材

数据结构实践教程
（C语言版）

主　编　袁　嵩

副主编　马庆槐　熊　莹　徐　嘉

U0370129

 华中科技大学出版社

http://www.HUSTP.com

中国·武汉

内 容 简 介

本书是《数据结构（C语言版）》配套的实验指导和习题集，本书内的所有语言均采用C/C++语言，所有应用程序均在 Microsoft Visual Studio 2010 集成开发环境下编译并通过。

本书结合企业常用的实际案例、应用环境和软件开发技术，对线性表、队列、二叉树、图、查找等多个重要的数据结构知识单元进行了分析和设计，并为每个知识单元设计了实验指导和丰富的习题，力求使学生充分理解这些知识并通过实验指导、习题和综合实践来验证所学的知识。全书分为三大部分：第一部分为实验指导，共安排了六个实验项目，可对应课堂练习或实验教学，重点训练每一知识单元的编程实现技巧；第二部分为习题，可对应课堂练习或课外作业，进一步巩固和检验各单元知识点的掌握情况；第三部分为综合实践，可对应课程设计，该部分利用一个游戏项目综合训练数据结构核心知识和算法在企业实际项目中的应用。

本书适合各类高等院校计算机专业学生作为数据结构实践教学参考用书，也适合作为对数据结构与算法应用开发感兴趣的学习者的指导用书或参考书。

图书在版编目（CIP）数据

数据结构实践教程:C语言版/袁嵩主编. —武汉：华中科技大学出版社,2019.10(2022.7重印)
普通高等教育"十三五"规划教材
ISBN 978-7-5680-5858-2

Ⅰ.①数…　Ⅱ.①袁…　Ⅲ.①数据结构-高等学校-教材　②C语言-程序设计-高等学校-教材
Ⅳ.①TP311.12　②TP312.8

中国版本图书馆 CIP 数据核字（2019）第 234045 号

数据结构实践教程（C语言版）
Shuju Jiegou Shijian Jiaocheng(C Yuyan Ban)

袁嵩　主编

策划编辑：康　序
责任编辑：史永霞
封面设计：孢　子
责任监印：朱　玢
出版发行：华中科技大学出版社（中国·武汉）　　　电话：(027)81321913
　　　　　武汉市东湖新技术开发区华工科技园　　　邮编：430223
录　　排：武汉三月禾文化传播有限公司
印　　刷：武汉市籍缘印刷厂
开　　本：787mm×1092mm　1/16
印　　张：16
字　　数：410千字
版　　次：2022年7月第1版第2次印刷
定　　价：38.00元

前言

数据结构是计算机专业的必修主干课程之一,是一门实践性很强的课程。为了满足计算机类各专业学生对数据结构课程的上机、知识巩固和实践指导需求,特编写了本书。本书旨在方便学生通过大量的实验和习题的练习,充分掌握数据结构的基本知识,并培养学生运用所学理论来分析和解决实际问题的能力以及严谨、求实的编程作风。为了帮助学生学会如何把现实世界的问题转化为计算机内部的表示和处理,我们为几种最常用的数据结构和算法精心设计了实验项目。这些实验项目全部按企业项目开发思路进行分析、设计和编程实施。同时,针对教材中典型知识点,我们还编写了丰富的配套习题供学生进行知识点检验和训练。除此之外,本书还设计了1个游戏案例,并且结合C++、MFC Dialog可视化界面和GDI绘图等实用开发技术,提高数据结构和算法应用实践能力。在实践过程中,引导读者理解数据结构和算法中知识单元与项目需求如何进行技术对接,并同时采用迭代开发思路进行每一个功能开发。

全书主要分为实验指导、习题和综合实践三部分。

实验指导部分:针对开发工具、线性表、队列、树、图、查找设计了实验项目,以软件开发的形式加以呈现,包括实验目标、实验任务和实验实施等内容。

习题部分:针对重点理论知识,编排了练习题,包含单项选择题、填空题、判断题、综合题以及重点章节的算法设计题,并配有参考答案,供学生检验各知识点的掌握情况。

综合实践部分:设计了1套"连连看游戏"实践案例,通过完整实践数据结构和算法核心知识,阐释了数据结构在企业项目中的应用,同时详细讲解实践项目迭代开发过程。

本书由武汉科技大学袁嵩担任主编,由武汉市软酷网络科技有限公司马庆槐、武汉科技大学熊莹、武汉晴川学院徐嘉担任副主编,全书由袁嵩统稿,熊莹进行了审核。在本书编写过程中,软酷网(www.ruanko.com)为本书提供实践参考资料,其中,马庆槐总监为我们提供了项目资源和企业项目实施过程资料,郑婕和王博宜项目经理负责项目的开发和测试,并完成部分图表绘制及文档排版工作,在此对他们表示衷心感谢。同时也特别感谢在本书出版过程中给我们支持与帮助的华中科技大学出版社的相关编辑和工作人员。

由于编者的水平和时间有限,本书难免出现错误,对于本书的任何问题,恳请读者批评指正。

编 者

2019 年 6 月

目录

CONTENTS

概　　述

介绍

本书根据《数据结构(C 语言版)》的内容,围绕数据结构和算法课程知识,拟通过实验指导、习题和综合实践(连连看游戏),综合训练学生对数据结构和算法的应用,培养学生运用所学理论知识分析和解决实际问题的能力,树立严谨、求实的工作作风,并达到以下目标:

- 理解 Microsoft Visual Studio 2010 工具,应用 C/C++编写应用程序。
- 掌握线性表、队列、树和二叉树、图、查找等重要数据结构知识的特点、存储表示、运算方法以及在计算机学科中的基本应用。
- 理解企业软件开发过程,理解系统需求分析和设计,应用迭代开发思路进行实践。
- 养成良好的编码习惯和培养软件工程化思维,综合应用程序设计、数据结构和算法等知识,开发"连连看游戏"项目,达到掌握和应用数据结构核心知识的目的。

实施安排

本书的内容主要分为实验指导、习题和综合实践 3 大部分,先通过实验专题编程训练数据结构和算法中的知识单元内容,再通过习题巩固知识点,最后通过综合实践,训练运用各知识单元内容综合解决企业应用项目的能力。

实验指导采用控制台应用程序,聚焦数据结构中的知识单元训练;综合实践部分采用桌面应用程序,聚焦整个数据结构核心知识训练。

1. 实验指导部分

选取典型的开发工具、线性表、队列、树和二叉树、图、查找等内容,安排 6 个技术专题,分别训练相关知识,如表 0-1 所示。

表 0-1

编号	实验	技术专题	训练知识点
1	开发工具	第一个 C++程序	1. 安装 Visual Studio 2010 2. 编写标准 C++程序
2	线性表	一元多项式相加	1. 线性表的链式存储结构 2. 线性表的基本操作
3	队列	银行叫号系统	1. 队列的定义 2. 队列的链式存储结构 3. 队列的基本操作
4	树和二叉树	随机地图生成器	1. 树和二叉树的定义 2. 二叉树的链式存储结构 3. 二叉树的遍历和基本操作

续表

编号	实验	技术专题	训练知识点
5	图	公交线路图	1. 图的定义 2. 图的邻接表存储结构 3. 深度优先搜索算法
6	查找	字符统计程序	1. 查找定义 2. 二叉排序树

2. 习题部分

针对数据结构课程的重难点，配套了 8 章内容（见表 0-2）的习题，题型包括单项选择题、填空题、判断题、综合题及算法设计题，并配有参考答案。

表 0-2

编号	章节	知识点
1	绪论	数据结构的逻辑结构和存储结构、算法和复杂度分析
2	线性表	顺序表、单链表、循环链表、双向链表的表示和实现
3	栈和队列	顺序栈、循环队列、连队列的表示和应用
4	数组和广义表	数组的顺序表示、矩阵的压缩存储、广义表的定义
5	树和二叉树	树与二叉树的定义和实现，二叉树的遍历，树、森林与二叉树的关系，哈夫曼树及其应用
6	图	图的数据类型定义，图的实现（邻接矩阵、邻接表），图的遍历，图的应用（最小生成树、拓扑排序、关键路径、最短路径）
7	查找	顺序查找、折半查找、二叉排序树、哈希表构造、处理冲突的方法和分析
8	排序	直接插入排序、希尔排序、快速排序、选择排序、堆排序、归并排序、基数排序

3. 综合实践部分

应用迭代增量思想，进行功能迭代开发，迭代根据功能和训练知识进行划分，每一个迭代内容包括工作任务和编码实现。"连连看游戏"迭代内容如表 0-3 所示。

表 0-3

编号	功能/迭代	实践内容	训练知识点
1	创建工程	搭建开发环境，创建项目解决方案和工程	1. Microsoft Visual Studio 2010 开发工具 2. MFC Dialog 程序的创建
2	主界面	创建主界面，添加按钮控件和菜单	1. 窗体属性 2. 按钮控件 3. 菜单

续表

编号	功能/迭代	实践内容	训练知识点
3	定义游戏数据	设计和定义游戏地图、元素图片和游戏区域的存储结构	1.数组 2.结构体 3.类向导
4	绘制游戏地图	单击"开始游戏"时,使用多张图片,按照固定的顺序产生游戏地图,游戏地图为 10 行 16 列	1.消息响应函数 2.GDI 绘图 3.透明位图的绘制 4.BitBlt()和掩码
5	消子判断	判断单击的两个图片是否满足一条、两条和三条直线消子,并绘制提示框和提示线	1.鼠标单击事件 2.消子算法 3.界面和地图更新
6	判断胜负	判断棋盘子是否消完,并提示用户获胜,更新数据	胜负判断算法
7	重排	对游戏地图中剩下的图片进行重新排列,并利用重排实现随机开局	1.重排算法 2.界面和地图更新
8	提示	系统提示可以消除的一对图片,在该对图片间绘制连接线	1.提示算法 2.界面和地图更新

第一部分　实验指导

1　Visual Studio 开发工具

1.1　实验目标

（1）掌握 Microsoft Visual Studio 2010 工具的使用。
（2）掌握 C++程序的组成。
（3）掌握 C++程序中 cin 和 cout 的用法。
（4）了解程序的编辑、编译、连接和执行的过程。
（5）综合运用以上知识，开发 C++程序。

1.2　实验任务

安装和使用 Microsoft Visual Studio 2010 开发工具，编写控制台程序。功能是根据用户输入内容，输出对应的内容。具体功能如下：

（1）提示用户输入文字"Please input some words："，如图 1-1 所示。
（2）用户在控制台下输入一段字符数据，例如"HelloWorld"，如图 1-2 所示。
（3）按回车键将输出"Output words：HelloWorld"，如图 1-3 所示。

| 图 1-1 | 图 1-2 | 图 1-3 |

1.3　实验实施

使用 Microsoft Visual Studio 2010 开发工具创建一个 Win32 控制台程序，通过输入输出流实现数据的输入和输出功能，工程名为 HelloWorld。

（1）利用 Microsoft Visual Studio 2010 创建一个空白的解决方案，解决方案名为 HelloWorldCPro。

（2）在解决方案中，利用 Microsoft Visual Studio 2010 工具的 Win32 应用程序向导，创建一个空的 Win32 控制台工程，工程名为 HelloWorld。

（3）在 HelloWorld 工程中添加一个 Main.cpp 文件，在该文件中添加程序的入口函数 main()。

（4）在 main()函数中使用 cin 接收控制台输入内容，cout 向控制台输出内容。

步骤一：下载和安装

（1）下载 Microsoft Visual Studio 2010 安装包。

下载地址为 http://www.microsoft.com/visualstudio/zh-cn/download。

（2）安装 Microsoft Visual Studio 2010。

打开安装包即可进行安装。在选择安装模式时，可以选择全部安装，也可以选择自定义安装。在自定义安装时，注意要选 Visual C++。

关于安装的路径，最好选择默认的安装路径。

步骤二：创建解决方案

（1）启动 Microsoft Visual Studio 2010，如图 1-4 所示。

（2）选择左上角的"File"菜单，单击"New Project"，弹出新建对话框。

（3）选择工程类型为"Other Project Types —> Visual Studio Solutions —> Blank Solution"，输入工程名称 HelloWorldCPro，选择工程保存路径，单击"OK"按钮，完成解决方案的创建，如图 1-5 所示。

图 1-4   图 1-5

步骤三：创建工程

（1）选择左上角的"File"菜单，单击"New Project"，弹出新建对话框。

（2）选择工程类型为 Visual C++ —> Win32 —> Win32 Console Application，输入工程名 HelloWorld，选择 Add to solution，如图 1-6 所示。

图 1-6

（3）单击"OK"按钮，进入 Win32 应用程序向导。选择应用程序类型为 Console application，Additional options 属性选择 Empty project，单击"Finish"按钮，完成工程的创建，如图 1-7 所示。

（4）完成创建后，界面如图 1-8 所示。

图 1-7

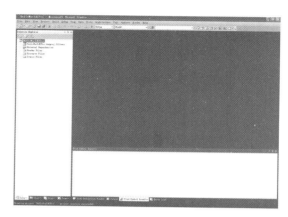

图 1-8

步骤四：添加文件

（1）右键选中"Source Files"，在弹出菜单中选择"Add"—>"New Item"，如图 1-9 所示，打开新建文件对话框。

（2）在新建文件对话框中，选择文件类型为 C++ File(.cpp)，输入文件名为 Main，选择文件保存路径为工程文件夹，如图 1-10 所示。

图 1-9

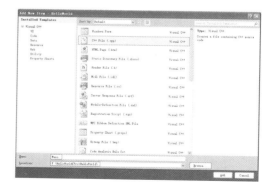

图 1-10

（3）单击"Add"按钮，完成文件的添加，如图 1-11 所示。

步骤五：编辑程序

（1）在 Main.cpp 文件中，添加入口函数 main() 函数。

```
int main(int argc, char*argv[])
{
    return 0;
}
```

图 1-11

（2）导入标准输入输出流头文件 iostream，使用 std 命名空间。

```
#include <iostream>
using namespace std;
```

（3）编写 main() 函数。

① 定义字符数组：

```
char ch[20];
```

② 输出提示信息到控制台：

```
cout <<"Please input some words:"<< endl;
```

③ 接收输入的数据：

```
cin >> ch;
```

④ 输出用户输入的数据并回车：

```
cout <<"output words:"<< ch << endl;
```

步骤六：编译和运行程序

1）编译程序

Microsoft Visual Studio 2010 将编译和连接的功能放到一起，直接编译就可以产生可执行文件。

利用 Microsoft Visual Studio 2010 工具，有两种方法可以对源文件进行编译连接。

方法一：单击菜单 Build－＞Build Solution，完成编译。

方法二：使用快捷键 F7，完成编译。

编译程序，在解决方案目录和工程目录下面都会生成一个 Debug 文件，在工程目录下的 Debug 文件夹中，保存了编译程序时生成的一些文件，比如目标文件，如图 1-12 所示。

2）运行程序

源文件经过编译连接后，生成以 .exe 为后缀的可执行文件。运行程序的方法有两种：

方法一：单击菜单 Debug－＞Start Without Debugging，运行程序。

方法二：使用快捷键 Ctrl＋F5，运行程序。

运行程序，显示控制台界面，输出提示信息，如图 1-13 所示。

图 1-12

图 1-13

2　线性表（一元多项式相加）

2.1　实验目标

（1）掌握线性表的链式存储结构。

（2）掌握链表的基本操作，并能进行应用实践。

（3）使用 C/C++语言和线性表实现"一元多项式相加"专题。

实验任务

本程序是一个控制台程序，用户可以根据自己的需求分别输入两个一元多项式，并且能够实现显示输入的一元多项式，再将这两个一元多项式相加，输出结果。

本程序的输入需求是按照指数从小到大进行输入，并且项数必须为正整数，指数需为整数，系数为双精度型且不能为 0。

例如：

第一个多项式 $1.2 + 2.4x + 3.6x^3$，

第二个多项式 $0.2x^{-1} + 1.2x^3$，

相加之后的结果为 $0.2x^{-1} + 1.2 + 2.4x + 4.8x^3$。

本程序具体实现的功能如下：

（1）输出程序界面，提示用户输入第一个多项式的项数，如图 1-14 所示。

（2）根据用户输入的项数，提示用户依次输入每一项的系数和指数，并打印出第一个多项式，如图 1-15 所示。

图 1-14　　　　　　　　　　　　　　　　　　图 1-15

（3）接着会提示输入第二个多项式的项数，按照上述方法输入第二个多项式的相关参数，打印该多项式，如图 1-16 所示。

（4）输出最终相加的和多项式，如图 1-17 所示。

图 1-16　　　　　　　　　　　　　　　　　　图 1-17

实验实施

设计思路

使用 Microsoft Visual Studio 2010 创建一个 Win32 Console Application 工程，利用结构体、链表等数据结构，使用 C++语言开发一元多项式相加，工程名为 PolynAddCPro。

1）程序层次结构

（1）在工程中添加一个 PolynAdd.cpp 文件作为程序的主文件。

（2）在工程头文件中添加 StructDefine.h，用于存储用结构体定义链表的结点。

（3）在工程头文件中添加一个 Polyn.h 文件，在源文件中添加一个 Polyn.cpp 文件，用于声明和实现一元多项式的相关函数。

程序层次结构如表 1-1 所示。

表 1-1

文件	主要函数	说明
PolynAdd.cpp	int main()	程序入口函数
	bool GetInt()	输入并验证输入是否为整数
	void InputData	输入一元多项式数据并排序输出
StructDefine.h		使用结构体定义链表的结点
Polyn.h、Polyn.cpp	void CreatePolyn()	创建空链表
	void ListInsert()	将结点插入链表尾部
	PLinkList ListSort()	将链表按指数从小到大排序
	void PrintPoly()	打印输出单个结点
	void PrintPolyn()	打印输出整个一元多项式
	PLinkList AddPolyn()	将两个一元多项式相加
	void FreePolyn()	释放链表

2）数据设计

（1）一元多项式的结点类型。

一个一元多项式可以写成下列形式：

$$P_n(X) = c_1 x^{e_1} + c_2 x^{e_2} + \cdots + c_n x^{e_n}$$

若用一个长度为 n 且每个元素都有两个数据项（系数项和指数项）的线性表解决多项式相加，必须要有多项式，所以必须首先建立两个多项式。在这里采用链表存储一元多项式的数据，其每一个结点都代表一元多项式的一项，所以将结点结构体定义为：

序数 coef	指数 expn	指针域 next

例如多项式为 $7 + 3x + 9x^8 + 5x^{17}$，则用链表可描述为图 1-18 所示。

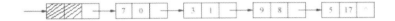

图 1-18

用结构体表示其结点为：

```
typedef struct PLNODE{
    double dbCoef;          //系数域
    int nExpn;             //指数域
    struct PLNODE*next;    //指针域,指向下一个结点
}PLNODE;
```

（2）一元多项式的创建过程如图 1-19 所示。

（3）两个一元多项式相加。

本程序的一元多项式是按照从小到大的顺序排列的。具体相加的描述如下：

假设指针 pa 和 pb 分别指向多项式 A 的第一项和多项式 B 的第一项，和多项式为 C。比较两个结点中的指数项的大小，在 pa 和 pb 的指向均不为空的时候，有三种情况：

① pa 所指结点的指数值＜pb 所指结点的指数值：

pa 的结点插入 pc 中，把 pa 指向下一个结点。

② pa 所指结点的指数值＝pb 所指结点的指数值：

if(这两个系数相加=0)

{//把 pa、pb 均指向下一个结点 }

else

{//将它们系数相加的值和它们的指数赋给一个新的结点，插入 pc

//把 pa、pb 均指向下一个结点 }

③ pa 所指结点的指数值＞pb 所指结点的指数值：

pb 的结点插入 pc 中，把 pb 指向下一个结点。

例如：

A＝5x^2 ＋2x^3 ＋4x^4 ＋8x^6

B＝3x ＋4x^2 ＋6x^4

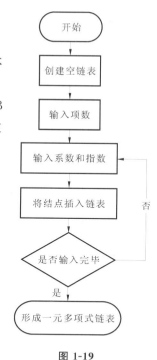

图 1-19

> **说明：**
>
> 图 1-20 中红色箭头（①②③④⑤⑥）表示 A、B 当前所指结点指针 pa、pb，蓝色字体(打"√"的)表示当前需要操作的结点数据。

这样遍历 pa、pb 两个一元多项式之后，有可能会有一个多项式没有遍历完，需要继续遍历，这个时候剩下的结点的指数值都比 pc 已有的结点的指数值要大，直接把剩余的结点从前到后一个一个插入 pc 尾部即可，如图 1-21 所示。

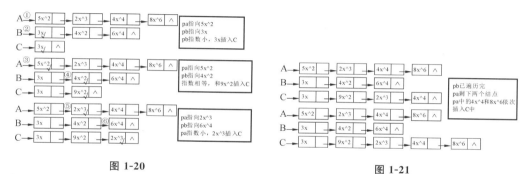

图 1-20　　　　　　　　　　　　　　图 1-21

最后 C＝3x ＋9x^2 ＋2x^3 ＋4x^4 ＋8x^6。

步骤一:创建工程

启动 Microsoft Visual Studio 2010,选择"文件 —>新建 —>项目",新建"Win32 控制台应用程序",工程名"PolynAddCPro",创建一个空的 Win32 控制台应用程序,如图 1-22 所示。

图 1-22

步骤二:添加文件

(1) 右键选中"源文件",在弹出菜单中选择"添加—>新建项",打开新建文件对话框。

(2) 在新建文件对话框中,选择文件类型为"C++文件(. cpp)",输入文件名为"PolynAdd. cpp",选择文件保存路径为工程文件夹。

(3) 单击"添加"按钮,完成文件的添加。

(4) 同理在头文件中添加 Polyn. h 和 StructDefine. h,在源文件中添加 Polyn. cpp。

步骤三:添加 main()函数

在 PolynAdd. cpp 文件中添加 int main()函数,为应用程序入口,程序将从这里开始运行。在 main()函数中使用 cout 输出程序界面,再调用其他函数实现相应功能。

```
int main()
{
// 输出界面
    cout <<"/*注意:系数为浮点类型,指数为整数(可为负)类型。\n";
    cout <<"请按指数从小到大的顺序输入多项式。*/\n\n";
    //创建一元多项式
    //打印输出一元多项式
    ……
    //将两个一元多项式相加
    //打印输出和一元多项式
    ……
    return 0;
}
```

步骤四:定义链表的结点

在 StructDefine. h 文件中定义结构体,代表链表的一个结点 PLNODE,并定义一个该结点类型的指针 PLinkList。

```
typedef struct PLNODE{
    double dbCoef;                //系数域
    int nExpn;                    //指数域
    struct PLNODE*next;           //指针域,指向下一个结点
}PLNODE;
typedef PLNODE*PLinkList;
```

步骤五:创建一元多项式

在 PolynAdd.cpp 中添加 InputData(int nOrder，PLinkList &sPolyn)函数,用于输入数据,创建一元多项式并且打印输出。

```
void InputData(int nOrder, PLinkList &sPolyn)
{
    CreatePolyn(sPolyn);  //创建空链表
    //使用 GetInt()函数输入项数并检测项数是否为整数,且指数需大于 0
    ......
    PLNODE sNewNode;//定义新结点
    for(根据项数循环)
    {
        //输入系数,并使用 cin.fail()检测系数是否合法,且系数不能为 0
        //使用 GetInt()函数输入指数并检测指数是否为整数
        ......
        //使用数组记录之前输入的指数
        //将当前指数与数组中的指数比较,如果发现之前输过,就报错
        ......
        sNewNode.dbCoef=dbCoef;//存入数据
        sNewNode.nExpn=nExpn;
        ListInsert(sPolyn,sNewNode);//将新结点插入多项式链表的尾部
    }
    //打印多项式链表 sPolyn
}
```

1）创建空链表

在 Polyn. cpp 中定义创建空链表的函数 CreatePolyn（PLinkList &sPolyn），并在 Polyn. h 中声明。

```
void CreatePolyn(PLinkList &sPolyn)
{
    sPolyn=(PLinkList)malloc(sizeof(PLNODE)); //为头结点开辟空间
    //判断 sPolyn 是否为空,是就退出
    sPolyn->next=NULL;
}
```

2）将结点插入链表尾部

在 Polyn. cpp 中添加函数 ListInsert（PLinkList sPolyn，PLNODE sNewNode），并在 Polyn. h 中声明。该函数实现在链表的尾部添加结点。

```
void ListInsert(PLinkList sPolyn, PLNODE sNewNode)
{
    PLinkList sTemp=sPolyn;
    PLinkList psNewNode=(PLinkList)malloc(sizeof(PLNODE));
    //判断 psNewNode 是否为空,是就退出
    *psNewNode=sNewNode;//将指针所指对象的值修改为 sNewNode
    while(sTemp->next!=NULL)
        sTemp=sTemp->next;
    sTemp->next=psNewNode;//将结点插入链表尾部
    psNewNode->next=NULL;//将尾结点的指向置为空
}
```

3）输入及检验是否为整数

在输入的时候项数必须为正整数,指数必须为整数。在 PolynAdd.cpp 中添加函数 bool GetInt(int &value)实现输入并检验输入是否为整数。

（1）使用 gets_s()函数获取用户的输入,获取输入之前要使用 fflush(stdin)函数来清空缓存区。

（2）使用 for 循环判断输入的字符是否是整数要素。

（3）如果输入是整数,则使用 atoi(str)函数将获取的数字字符转换为对应的整数。

```
bool GetInt(int &value)
{
    char str[256]={0};
    fflush(stdin); //清空缓存区
    gets_s(str, 256);  //等待输入数据,并将数据存到 str 中
    unsigned int index=1;
    int nTemp=0;
    if(str[0] =='-')     //判断输入的数据是否为负数
        nTemp=1;
    for(index=nTemp; index <strlen(str); index++)
    {
        //判断 str 中每个字符是否为 0~9,是就继续循环,不是就返回 false
    }
    value=atoi(str);//判断输入的字符串为纯数字,则把字符串转化为整数
    return true;
}
```

4）打印输出一元多项式

（1）一元多项式的任意一项的输出。

在 Polyn.cpp 中编写函数 PrintPoly(PLNODE sPTemp),并在 Polyn.h 中声明。该函数的作用是按指定格式输出多项式的任意一项。

```
void PrintPoly(PLNODE sPTemp)
{
    if(sPTemp.nExpn ==0)//当指数为 0 时,直接输出系数
        cout <<sPTemp.dbCoef;
```

```
        else if(sPTemp.dbCoef ==1)//当系数为 1 时
        {
            if(sPTemp.nExpn ==1)
                cout <<"x";
            else
                cout <<"x^"<<sPTemp.nExpn ;
        }
        else if(sPTemp.dbCoef ==-1)//当系数为-1 时
        {
            if(sPTemp.nExpn ==1)
                cout <<"- x";
            else
                cout <<"- x^"<<sPTemp.nExpn ;
        }
        else
        {
            if(sPTemp.nExpn ==1)
                cout <<sPTemp.dbCoef<<"x";
            else
                cout <<sPTemp.dbCoef<<"x^"<<sPTemp.nExpn;
        }
    }
```

（2）一元多项式整体输出。

在 Polyn. cpp 中添加函数 PrintPolyn(PLinkList sPolyn)，并在 Polyn. cpp 中声明。该
函数的作用是按指定格式输出一元多项式。

```
    void PrintPolyn(PLinkList sPolyn)
    {
        int nIndex=0;
        PLinkList sPTemp=sPolyn->next;//sPTemp 指向第一个项数
        while(sPTemp!=NULL)
        {
            nIndex++;
            if(nIndex ==1)//直接输出第一项
                PrintPoly(* sPTemp);
            else if(sPTemp->dbCoef>0)//如果系数大于 0,先输出+号
            {
                cout <<"+";
                PrintPoly(*sPTemp);
            }
            else
                PrintPoly(*sPTemp);
            sPTemp=sPTemp->next;
        }
    }
```

步骤六：计算两个多项式之和

在 Polyn.cpp 中定义多项式相加函数 PLinkList AddPolyn(sPolyn1，sPolyn2)，并在 Polyn.h 中声明。

```
PLinkList AddPolyn(PLinkList sPolyn1, PLinkList sPolyn2)
{
    //创建和多项式空链表
    //定义两个指针分别指向第一、二个多项式的第一项
    PLNODE sNewNode;    //要插入和多项式中的新结点
    ......
    //遍历两个多项式
    while((sPolyn1Temp!=NULL) && (sPolyn2Temp!=NULL))
    {
        nEx=sPolyn1Temp->nExpn - sPolyn2Temp->nExpn;//计算指数差
        //(1)当指数之差小于 0 时
        //(2)当指数之差等于 0 时
        //(3)当指数之差大于 0 时
    }
    ......
    //当有一个链表遍历完时就停止循环,可能另一个链表还没有遍历完
    //定义新链表,判断哪个没遍历完赋值给新链表
    //链接新链表中剩余结点到和链表中
    return sPolynAdd;
}
```

1）创建空链表和定义变量

```
PLinkList sPolynAdd;            //要生成的多项式之和链表
CreatePolyn(sPolynAdd);        //创建空链表,sPolynAdd 为头指针
PLinkList sPolyn1Temp=sPolyn1->next;    //指向第一个多项式的第一项
PLinkList sPolyn2Temp=sPolyn2->next;    //指向第二个多项式的第一项
PLNODE sNewNode;    //要插入和多项式中的结点
```

2）两个多项式的遍历中指数的比较

（1）当指数之差小于 0 时，即第一个多项式当前结点的指数值小，就把这个结点插入和多项式中，并将第一个多项式的指针指向下一个结点。

```
if(nEx <0)      //多项式 sPolyn1 当前结点的指数值小
{
    sNewNode.nExpn=sPolyn1Temp->nExpn;
    sNewNode.dbCoef=sPolyn1Temp->dbCoef;
    ListInsert(sPolynAdd,sNewNode);      //将提取出来的项存入和链表中
    sPolyn1Temp=sPolyn1Temp->next;       //移动 sPolyn1Temp 的结点
}
```

（2）当指数之差等于 0 时，即两个多项式当前结点的指数值相等时，需要分为系数之和等于 0 和不等于 0 两种情况。

```
if(这两个系数相加=0)
```

{就直接把 pa、pb 均指向下一个结点}

else

{就将它们系数相加的值和它们的指数赋值为一个新的结点

把 pa、pb 均指向下一个结点}

在这里我们可以进行优化，即这两种情况下都把 pa、pb 指向下一个结点。

```
else if(nEx ==0) //当前结点的指数相同
{
    dbCo=sPolyn1Temp->dbCoef+ sPolyn2Temp->dbCoef;
    if(dbCo!=0.0)//当前相同指数的项的系数之和不为零
    {
        sNewNode.nExpn=sPolyn1Temp->nExpn;
        sNewNode.dbCoef=dbCo;
        ListInsert(sPolynAdd,sNewNode);     //将提取出来的项存入和链表中
    }
    sPolyn1Temp=sPolyn1Temp->next;          //移动 sPolyn1Temp 的结点
    sPolyn2Temp=sPolyn2Temp->next;          //移动 sPolyn2Temp 的结点
}
```

（3）当指数之差大于 0 时，即第二个多项式当前结点的指数值小，处理方式同（1）。

```
else
{
    sNewNode.nExpn=sPolyn2Temp->nExpn;
    sNewNode.dbCoef=sPolyn2Temp->dbCoef;
    ListInsert(sPolynAdd,sNewNode);     //将提取出来的项存入和链表中
    sPolyn2Temp=sPolyn2Temp->next;      //移动 sPolyn2Temp 的结点
}
```

3）链接剩余结点

当有一个链表遍历完时就停止循环，可能另一个链表还没有遍历完。需要判断两个多项式中哪个有剩余，将剩余项依次插入和多项式链表的尾部，和多项式链表就成功生成。

```
//当有一个链表遍历完时就停止循环，可能另一个链表还没有遍历完
//定义新链表 sPolynTemp，判断哪个没遍历完，赋值给新链表
while(sPolynTemp!=NULL) //链接新链表中剩余结点到和链表中
{
    sNewNode.nExpn=sPolynTemp->nExpn;
    sNewNode.dbCoef=sPolynTemp->dbCoef;
    ListInsert(sPolynAdd,sNewNode);
    sPolynTemp=sPolynTemp->next;
}
```

步骤七：释放链表

在 Polyn.cpp 中添加函数 FreePolyn(PLinkList sPolyn)，释放整个链表。释放过程是遍历链表，把所有结点都释放掉。

```
void FreePolyn(PLinkList sPolyn)
{
```

```
    PLinkList sTemp=sPolyn;
    while(sPolyn!=NULL)
    {
        sPolyn=sPolyn->next;
        free(sTemp);
        sTemp=sPolyn;
    }
}
```

【补充说明】

本程序的输入需求是用户按照指数从小到大输入,但是如果用户没有按照规则输入,很可能导致一元多项式相加错误,这时可以手动对链表进行排序,也能得到正确结果。下面介绍使用冒泡排序法将一元多项式按照指数从小到大的顺序排列的过程。冒泡排序法如下:

(1)从第一个结点开始,把它的指数与第二个结点的指数比较,如果第二个结点的指数小,就交换。

(2)把第一个结点的指数和第三个,第四个,…结点的指数比较,后者小就交换,一轮之后第一个结点的指数就是最小的。

(3)把第二个结点和后面的结点比较,后者小就交换。

(4)对第三个,第四个,…最后一个结点按上面的方式操作。

```
    PLinkList ListSort(PLinkList sPolyn)
    {
        PLinkList sTemp1,sTemp2;//这两个变量表示冒泡排序的两个遍历结点变量
        int nTemp=0;                    //中间变量
        double dbTemp=0.0;              //中间变量
        for(sTemp1=sPolyn;sTemp1!=NULL;sTemp1=sTemp1->next)
        {
            for(sTemp2=sTemp1->next;sTemp2!=NULL;sTemp2=sTemp2->next)
            {
                if(sTemp1->nExpn>sTemp2->nExpn)
                {
                    //如果 sTemp1 结点的指数值大,则交换两个结点的指数
                    nTemp=sTemp2->nExpn;
                    sTemp2->nExpn=sTemp1->nExpn;
                    sTemp1->nExpn=nTemp;
                    dbTemp=sTemp2->dbCoef; //同时交换两个结点的系数
                    sTemp2->dbCoef=sTemp1->dbCoef;
                    sTemp1->dbCoef=dbTemp;
                }
            }
        }
        return sPolyn;
    }
```

3 队列（银行叫号系统）

3.1 实验目标

（1）掌握队列的链式存储结构。

（2）掌握队列的基本操作，并能进行应用实践。

（3）使用 C/C++语言和队列实现"银行叫号系统"专题。

3.2 实验任务

本程序是一个控制台程序，模拟银行排队业务：

（1）银行有若干窗口接待客户，银行会在一定时间内开放窗口让客户在各个窗口排队办理业务，开放窗口时间结束后就不再接收新的客户继续排队。

（2）每个进入银行的客户都会排在人数最少的队伍后面等待，如图 1-23 所示。当所有客户的业务都办理完毕，程序会计算客户在银行平均的服务时间。

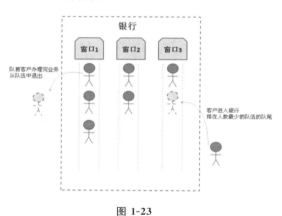

图 1-23

具体实现的功能如下：

（1）输出程序界面，提示客户输入银行窗口数量和开放窗口时间，如图 1-24 所示。

（2）客户在随机时间进入银行，程序将客户进入银行时间和离开时间记录到事件表中，并将客户排入一个窗口队列，客户在窗口办理完业务后退出队列，如图 1-25 所示。

图 1-24

图 1-25

在 1 号窗口和 2 号窗口有顾客时，窗口排队状态如图 1-26 所示。

（3）窗口开放时间结束，客户停止进入银行，直到所有客户退出队列之后计算出客户的平均服务时间，如图 1-27 所示。

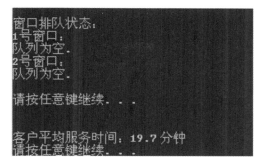

图 1-26   图 1-27

实验实施

设计思路

使用 Microsoft Visual Studio 2010 创建一个 Win32 Console Application 工程,利用结构体、链表等数据结构,使用 C++语言开发银行叫号系统,工程名为 BankSimulation。

1) 程序层次结构

（1）在工程中添加一个 main.cpp 文件作为程序的主文件。

（2）在工程头文件中添加一个 EventList.h 文件,在源文件中添加一个 EventList.cpp 文件,用于声明和实现排队事件列表的数据结构和基本操作。

（3）在工程头文件中添加一个 LinkedQueue.h 文件,在源文件中添加一个 LinkedQueue.cpp 文件,用于声明和实现链式队列的数据结构和基本操作。

（4）在工程头文件中添加一个 BankService.h 文件,在源文件中添加一个 BankService.cpp 文件,用于声明和实现银行排队系统的主要业务功能。

程序层次结构如表 1-2 所示。

表 1-2

文件	主要函数	说明
main.cpp	int main()	程序入口函数
EventList.h EventList.cpp	int InitList(EventList * pList)	初始化事件链表
	int OrderInsert(EventList pList, Event sEvent)	将事件 sEvent 按发生时刻的顺序插入有序链表 pList 中
	int EmptyList(EventList pList)	判断链表 pList 是否为空,为空则返回 TRUE,否则返回 FALSE
	int DelFirst(EventList pList, Event * pEvent)	删除链表首结点,用 pEvent 输出首结点,并返回 OK;链表为空,则返回 FALSE
	int ListTraverse(EventList pList)	遍历链表

续表

文件	主要函数	说明
LinkedQueue. h LinkedQueue. cpp	int InitQueue(LinkedQueue * pQueue)	初始化队列
	int EmptyQueue(LinkedQueue * pQueue)	检查队列是否为空
	int DelQueue(LinkedQueue * pQueue, QElemType * pQElem)	首结点出队
	int EnQueue(LinkedQueue * pQueue, QElemType sQElem)	结点 sQElem 入队
	int QueueLength(LinkedQueue * pQueue)	获取队列长度
	int GetHead(LinkedQueue * pQueue, QElemType * pQElem)	获取队列首结点
	int QueueTraverse(LinkedQueue * pQueue)	遍历队列
BankService. h BankService. cpp	void BankSimulation()	开始模拟银行排队
	void Initialize()	初始化银行服务
	void CustomerArrived()	处理顾客到达事件
	void CustomerLeaved()	处理顾客离开事件
	int ShortestQueue()	获取最短列的编号
	void PrintEventList()	显示当前事件表
	void PrintQueue()	显示当前窗口队列

2）主要业务流程

银行叫号主要业务流程如图 1-28 所示。

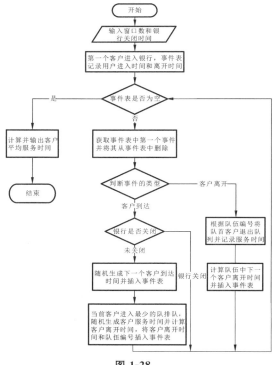

图 1-28

3）时间表和队列状态变化示例

当有新客户来时，会将客户的到达与离开事件添加到事件表中。事件由事件发生时间和事件组成，其事件列表结点的结构如下：

事件发生时间	0 表示新客户到来 1～N 表示某一个窗口客户离开	下一个事件

例如：某客户在第 5 分钟接受 1 号窗口服务，服务时间为 10 分钟，则在事件表中添加两条记录，即客户到达事件(5,0,^)和客户离开事件(15,1,^)。

以下通过一个事例来说明事件表与队列状态的变化：

t＝0 分钟：

（1）生成随机数(10,5)，表示第 1 个客户第 0 分钟到来，第 10 分钟离开。

（2）当前 2 个窗口都处于空白状态，则第 1 个客户在 1 号窗口办理业务，在窗口 1 队列添加一个结点：[0,10,^]。

（3）第 1 个客户在第 10 分钟离开的事件为(10,1,^)，添加到事件表中。

（4）第 2 个客户会在第 5 分钟到来的事件为(5,0,^)，添加到事件表中，由于第 5 分钟在第 10 分钟之前，该事件插入(10,1,^)事件之前。

t＝5 分钟：

（1）读取事件表记录(5,0,^)，表示第 2 个客户在第 5 分钟到来，且进入 2 号窗口进行服务，则生成随机数(25,15)，表示第 2 个客户在第 25 分钟离开，第 3 个客户在第 15 分钟到来。

在 2 号窗口队列中添加一个结点[5,25,^]，表示第 2 个客户在第 5 分钟开始接受服务，第 25 分钟离开。

（2）第 2 个客户在第 25 分钟离开的事件为(25,2,^)，插入事件表中。

（3）第 3 个客户会在第 15 分钟到来，将该事件(15,0,^)插入事件表中。

t＝10 分钟：

（1）读取事件表记录(10,1,^)，表示在 1 号窗口服务的第 1 个客户在第 10 分钟离开。

（2）1 号窗口队列的结点删除。

t＝15 分钟：

（1）读取事件表记录(15,0,^)，表示第 3 个客户到达，由于此时 1 号窗口空出，2 号窗口还在服务状态中，则由 1 号窗口进行服务。生成随机数(30,25)，表示第 3 个客户在第 30 分钟时离开，下一个客户在第 25 分钟到达。在窗口 1 队列中添加[15,30,^]结点。

（2）在 1 号窗口的第 3 个客户在第 30 分钟离开的事件为(30,1,^)，插入事件表中。

（3）第 4 个客户在第 25 分钟到达的事件为(25,0,^)，插入事件表中。

t＝25 分钟：

（1）读取事件表记录(25,2,^)，表示服务于 2 号窗口的客户离开，将 2 号窗口的队列头中的结点删除。

（2）读取事件表记录(25,0,^)，表示有客户到达，当前 2 号窗口为空，生成随机数……

客户、事件和队列状态变化如图 1-29 所示。

步骤一：创建工程

启动 Microsoft Visual Studio 2010，选择"文件 －＞新建 －＞项目"，新建 Win32 控制

台应用程序,工程名为 BankSimulation,创建一个空的 Win32 控制台应用程序。

步骤二:添加文件

在头文件中添加 EventList. h、LinkedQueue. h 和 BankService. h 文件,在源文件中添加 main. cpp、EventList. cpp、LinkedQueue. cpp 和 BankService. cpp 文件,如图 1-30 所示。

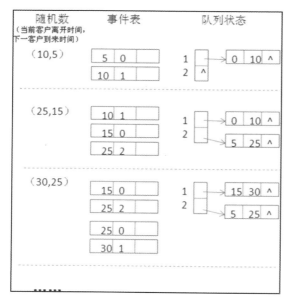

图 1-29

图 1-30

步骤三:添加 main()函数

在 main. cpp 文件中添加 int main()函数,为应用程序入口,程序将从这里开始运行。在 main()函数中调用函数实现相应功能。

```
int main()
{
    ......
    return 0;
}
```

步骤四:事件列表

1) 定义事件列表结点

在 EventList. h 文件中定义结构体,代表链表的一个结点 Event,并定义一个该结点类型的指针 EventList。

```
typedef struct Event
{
    int occurTime;// 发生时刻
    int type;// 事件类型:0 表示顾客到达;1~N 表示顾客从 N 号窗口离开
    struct Event*next;
} Event,*EventList;
```

2) 初始化事件链表

在 EventList. cpp 中添加函数 int InitList(EventList * pList),并在 EventList. h 中声

明。该函数实现初始化事件链表。

```
typedef struct Event
{
    int occurTime;// 发生时刻
    int type;// 事件类型:0 表示顾客到达;1~N 表示顾客从 N 号窗口离开
    struct Event*next;
} Event,*EventList;
```

3) 插入元素

在 EventList.cpp 中添加函数 int OrderInsert(EventList pList，Event sEvent)，并在 EventList.h 中声明。该函数实现按发生时刻的顺序向链表中插入元素。

```
int OrderInsert(EventList pList, Event sEvent)
{
    // 临时变量,用于在链表中插入结点
    Event*pAfter,*pBefore;
    pAfter=pList;
    pBefore=pList->next;
    // 比较事件发生的时间
    while( pAfter!=NULL && sEvent.occurTime>pAfter->occurTime )
    {
        pBefore=pAfter;
        pAfter=pAfter->next;
    }
    // 创建一个新结点,挂在 Before 和 After 两个结点之间
    pBefore->next=(Event*) malloc( sizeof(Event) );
    // 对新结点赋值
    pBefore->next->occurTime=sEvent.occurTime;
    pBefore->next->type=sEvent.type;
    pBefore->next->next=pAfter;
    return OK;
}
```

4) 判断链表是否为空

在 EventList.cpp 中添加函数 int EmptyList(EventList pList)，并在 EventList.h 中声明。该函数实现对链表是否为空的判断。

```
int EmptyList(EventList pList)
{
    if (pList->next ==NULL )
        return TRUE;
    else
        return FALSE;
}
```

5) 删除首结点

在 EventList.cpp 中添加函数 int DelFirst(EventList pList，Event * pEvent)，并在

EventList. h 中声明。该函数实现删除链表首结点，并用 pEvent 输出首结点。

```
int DelFirst(EventList pList, Event*pEvent)
{
    Event*pTmp;
    if ( EmptyList(pList) )
    {
        printf("链表为空");
        return ERROR;
    }
    else
    {
        // 删除链表首结点
        pTmp=pList->next;
        pList->next=pTmp->next;
        *pEvent=*pTmp;// 保存数值
        free(pTmp);// 释放内存
        return OK;
    }
}
```

6）遍历链表

在 EventList. cpp 中添加函数 int ListTraverse(EventList pList)，并在 EventList. h 中声明。该函数实现遍历链表。

```
int ListTraverse(EventList pList)
{
    Event*pTmp;
    pTmp=pList;
    while( pTmp->next!=NULL )
    {
        pTmp=pTmp->next;
        if (pTmp->type==0)
            printf("第%d分钟,下一名客户即将到来。\n", pTmp->occurTime);
        else
            printf("第%d分钟,%d号窗口的顾客即将离开。\n",pTmp->occurTime, pTmp->type);
    }
    printf("\n");
    return OK;
}
```

步骤五：链式队列

1）定义队列数据结构

在 LinkedQueue. h 文件中定义结构体 QElemType 代表一个队列元素，定义结构体 LinkedQueue 代表一个链式队列，包含队列的头指针和尾指针。

```
typedef struct QElemType {
    int arriveTime;
    int duration;
    struct QElemType *next;
} QElemType;
typedef struct LinkedQueue {
    QElemType *front; // 头指针
    QElemType *rear;  // 尾指针
} LinkedQueue;
```

2）初始化队列

在 LinkedQueue. cpp 中添加函数 int InitQueue(LinkedQueue *pQueue)，并在 LinkedQueue. h 中声明。该函数实现初始化队列。

```
int InitQueue(LinkedQueue *pQueue)
{
    //分配内存
    pQueue->front=pQueue->rear =(QElemType *) malloc(sizeof(QElemType));
    if (pQueue->front ==NULL)
    {
        printf("分配内存失败\n");
        exit(-1);
    }
    pQueue->front->next=NULL;
    return OK;
}
```

3）判断链表是否为空

在 LinkedQueue. cpp 中添加函数 int EmptyQueue(LinkedQueue *pQueue)，并在 LinkedQueue. h 中声明。该函数实现对队列是否为空的判断。

```
int EmptyQueue(LinkedQueue *pQueue)
{
    if ( pQueue->front ==pQueue->rear )
        return TRUE;
    else
        return FALSE;
}
```

4）首结点出队

在 LinkedQueue. cpp 中添加函数 int DelQueue(LinkedQueue * pQueue，QElemType * pQElem)，并在 LinkedQueue. h 中声明。该函数实现队列首结点出队操作。

```
int DelQueue(LinkedQueue *pQueue, QElemType *pQElem)
{
    QElemType *pTmp;// 临时结点指针
    if ( EmptyQueue( pQueue ) )
    {
```

```
            printf("队列为空,不能继续出队列\n");
            return ERROR;
        }
        else
        {
            // 指向首结点后一个元素,并复制给 pQElem
            pTmp=pQueue->front->next;
            *pQElem=*pTmp;
            pQueue->front->next=pTmp->next; // 删除这个结点
            if ( pQueue->rear==pTmp )
                pQueue->rear=pQueue->front;
            free(pTmp);
            return OK;
        }
    }
```

5）结点入队

在 LinkedQueue.cpp 中添加函数 int EnQueue(LinkedQueue * pQueue, QElemType sQElem)，并在 LinkedQueue.h 中声明。该函数实现结点入队操作。

```
    int EnQueue(LinkedQueue *pQueue, QElemType sQElem)
    {
        QElemType *pTmp;// 临时结点指针
        pTmp=(QElemType *)malloc( sizeof(QElemType) );
        if (pTmp==NULL)
        {
            printf("内存分配失败");
            exit(- 1);
        }
        else
        {
            // 尾结点指向新入队的元素
            * pTmp=sQElem;
            pTmp->next=NULL;
            pQueue->rear->next=pTmp;
            pQueue->rear=pTmp;
        }
        return OK;
    }
```

6）获取队列长度

在 LinkedQueue.cpp 中添加函数 int QueueLength(LinkedQueue * pQueue)，并在 LinkedQueue.h 中声明。该函数实现获取队列长度的操作。

```
    int QueueLength(LinkedQueue *pQueue)
    {
```

```
    QElemType *pTmp;//临时结点指针
    int count=0;
    // 遍历链表,统计结点数
    pTmp=pQueue->front->next;//队列第一个结点
    while ( pTmp!=NULL )
    {
        count++;
        pTmp=pTmp->next;
    }
    return count;
}
```

7）获取队列首结点

在 LinkedQueue.cpp 中添加函数 int GetHead(LinkedQueue * pQueue，QElemType * pQElem)，并在 LinkedQueue.h 中声明。该函数实现获取首结点操作。

```
    int GetHead(LinkedQueue *pQueue, QElemType *pQElem)
    {
        if ( EmptyQueue( pQueue ) )
        {
            printf("队列为空");
            return ERROR;
        }
        *pQElem=*(pQueue->front->next);
        return OK;
    }
```

8）遍历队列

在 LinkedQueue.cpp 中添加函数 int QueueTraverse(LinkedQueue * pQueue)，并在 LinkedQueue.h 中声明。该函数实现遍历队列操作。

```
    int QueueTraverse(LinkedQueue *pQueue)
    {
        QElemType *pTmp;// 临时结点指针
        if ( EmptyQueue( pQueue ))
        {
            printf("队列为空 \n");
            return ERROR;
        }
        pTmp=pQueue->front->next;// 队列第一个结点
        while(pTmp!=NULL)
        {
            printf(">[到达时刻:第%d分钟,服务时长:%d分钟]\n",
            pTmp->arriveTime, pTmp->duration);
            pTmp=pTmp->next;
        }
```

```
    printf("\n");
    return OK;
}
```

步骤六：主要业务功能

1）定义 BankService.cpp 中的全局变量

在 BankService.cpp 文件中定义以下全局变量：

```
#define MAXSIZE 20 // 银行服务窗口最大数量
int gWindowsNum;// 银行服务窗口数
int gCustomerNum;// 客户总人数
int gTotalTime;// 总服务时间
int gCloseTime;// 银行关闭时间
EventList gEventList;// 事件列表
Event gEvent;// 事件
LinkedQueue gQueue[MAXSIZE];// 队列数组
QElemType gCustomer;// 队列结点
```

2）初始化数据

在 BankService.cpp 中添加函数 void Initialize()，并在 BankService.h 中声明。该函数
实现初始化数据，包括银行关闭时间和窗口数量。

```
void Initialize()
{
    int i;
    gTotalTime=0;
    gCustomerNum=0;
    InitList(&gEventList); // 初始化事件列表
    // 服务窗口个数
    printf("请输入银行服务窗口个数(1~20):");
    scanf("%d", &gWindowsNum);
    while ( gWindowsNum <1 || gWindowsNum >MAXSIZE )
    {
        printf("请输入 1 到%d 之间的整数:", MAXSIZE);
        scanf("%d", &gWindowsNum);
    }
    // 服务关闭时间
    printf("\n 请输入服务关闭时间(超过这个时间就不再接纳新顾客)(单位:分钟):");
    scanf("%d", &gCloseTime);
    while ( gCloseTime <1 )
    {
        printf("请输入大于零的整数:");
        scanf("%d", &gCloseTime);
    }
    // 为每个窗口建立一个空队列
    for( i=0; i<gWindowsNum; i++)
```

```
            InitQueue( &gQueue[i] );
    }
```

3）处理顾客到达事件

在 BankService.cpp 中添加函数 void CustomerArrived()，并在 BankService.h 中声明。该函数实现处理顾客到达事件。

```
void CustomerArrived()
{
    QElemType sQElem;
    Event sEvent;
    int index;// 排队人数最少的窗口编号
    int arriveTime;// 顾客到达时间
    int duration;// 业务办理时间
    printf("当前时刻:第%d分钟\n", gEvent.occurTime);
    // 顾客到达的时间,在上一位顾客之后 1~5 分钟
    arriveTime=gEvent.occurTime + rand() %5+1;
    duration=rand() %21+10;// 办理业务时间为 10~30 分钟
    if ( arriveTime <gCloseTime ) // 服务尚未关闭
    {
        gCustomerNum++;
        // 新顾客达到事件
        sEvent.occurTime=arriveTime;
        sEvent.type=0;
        OrderInsert(gEventList, sEvent);
        // 顾客进入人数最少的窗口排队
        sQElem.arriveTime=gEvent.occurTime;// 入队时刻
        sQElem.duration=duration;// 办理业务时间
        index=ShortestQueue();
        EnQueue( &gQueue[index], sQElem ); // 入列
        // 如果恰好排在了队首,预定发生离开事件
        if ( QueueLength( &gQueue[index] ) ==1 )
        {
            // 记录顾客从第 index+1 号窗口离开
            sEvent.occurTime=gEvent.occurTime+duration;
            sEvent.type=index+1;
            OrderInsert( gEventList, sEvent );
        }
    }
    else // 银行排队服务关闭,不再接受新客户
        printf("\n排队服务已关闭,不再接受新客户! \n");
}
```

4）处理顾客离开事件

在 BankService.cpp 中添加函数 void CustomerLeaved()，并在 BankService.h 中声明。

该函数实现处理顾客离开事件。

```
void CustomerLeaved()
{
    Event sEvent;
    int index=gEvent.type-1; // 队列编号为窗口编号-1
    DelQueue( &gQueue[index], &gCustomer); // 删除队首结点
    printf("\n 顾客离开时间:%d。", gEvent.occurTime);
    gTotalTime + =gCustomer.duration; // 记录服务时间
    // 如果队列不为空,则预定下一位顾客从第 index+ 1号窗口离开
    if ( !EmptyQueue(&gQueue[index]) )
    {
        GetHead( &gQueue[index], &gCustomer); // 获得下一位顾客
        // 记录离开事件
        sEvent.occurTime=gEvent.occurTime+gCustomer.duration;
        sEvent.type=index+1;
        OrderInsert( gEventList, sEvent );
    }
}
```

5）获取最短队列的编号

在 BankService. cpp 中添加函数 int ShortestQueue()，并在 BankService. h 中声明。该函数实现获取最短队列的编号。

```
int ShortestQueue(){
    int i=0;
    int min=9999;// 最短队列的长度
    int index=-1;// 最短队列的编号
    int length=0;
    // 遍历各个窗口,比较哪个窗口排队的人最少
    for( i=0; i <gWindowsNum; i++)
    {
        length=QueueLength( &gQueue[i] );
        if ( min >length )
        {
            min=length;
            index=i;
        }
    }
    return index;
}
```

6）显示当前窗口队列

在 BankService. cpp 中添加函数 void PrintQueue()，并在 BankService. h 中声明。该函数实现显示当前窗口队列。

```
void PrintQueue()
```

```
{
    int i;
    printf("\n 窗口排队状态:\n");
    for( i=0; i <gWindowsNum; i++)
    {
        printf("%d 号窗口:\n", i+1);
        QueueTraverse( &gQueue[i] );
    }
    printf("\n");
}
```

7）显示当前事件表

在 BankService. cpp 中添加函数 void PrintEventList（），并在 BankService. h 中声明。该函数实现显示当前事件表。

```
void PrintEventList()
{
    printf("\n 事件表状态:\n");
    ListTraverse(gEventList);
}
```

8）银行排队模拟

在 BankService. cpp 中添加函数 void BankSimulation（ ），并在 BankService. h 中声明。该函数实现银行排队主业务。

```
void BankSimulation()
{
    // 随机数发生器,用于模拟随机客户排队事件
    // 根据当前系统时间初始化随机数种子
    srand( (unsigned) time(NULL) );
    // 准备开业
    Initialize();
    // 第一个顾客到来
    gEvent.occurTime=0;
    gEvent.type=0;
    OrderInsert( gEventList, gEvent);
    // 处理排队列表
    while(!EmptyList(gEventList))
    {
        DelFirst(gEventList, &gEvent);
        // 处理顾客事件
        if ( gEvent.type ==0)
            CustomerArrived();
        else
            CustomerLeaved();
        // 显示当前事件列表,以及排队情况
```

```
        PrintEventList();
        PrintQueue();
        // 暂停一会,便于观察输出内容
        system("PAUSE");
        printf("\n");
    }
    // 平均服务时间
    printf("\n");
    printf("客户平均服务时间:%f分钟\n",(float)gTotalTime / gCustomerNum);
    system("PAUSE");
}
```

4 树和二叉树（随机地图生成器）

4.1 ## 实验目标

（1）掌握二叉树的链式存储结构。

（2）掌握二叉树的基本算法并能实际应用。

（3）掌握二叉树的递归和非递归遍历。

（4）使用 C/C++语言和二叉树实现"随机地图生成器"专题。

4.2 ## 实验任务

在 Roguelike 类游戏中,玩家将扮演一个冒险者,在未知的世界中搜寻宝藏。随机生成的地图是 Roguelike 类游戏最独特的一点,它让游戏变得很有乐趣,因为玩家永远要面对新的挑战。例如,图 1-31 为游戏"DungeonUp"中随机生成的地图。

本程序是一个随机地图生成器,用于生成 Roguelike 类游戏的地下城。具体要求如下：

（1）地图的大小固定为 15 行 15 列。

（2）使用二分空间分割法,将地下城随机分解成若干小房间。

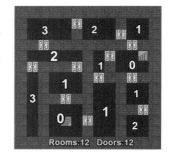

图 1-31

（3）每个房间都要有一扇门与其他房间连通,并且都是可以到达的。

（4）地牢中须有一个入口和一个出口,且不能出现在同一个房间内。

（5）开发控制台程序,并在命令行界面下输出地图,用不同的字符表示地图中的不同元素。

本程序生成的地图如图 1-32 所示,其中,符号说明如下：

"空格"表示空地;

'♯'号表示墙;

'＋'号表示门;

字母'I'表示入口；

字母'O'表示出口。

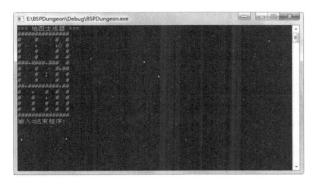

图 1-32

4.3 实验实施

设计思路

使用 Microsoft Visual Studio 2010 创建一个 Win32 Console Application 工程，利用二维数组、二叉链表等数据结构，使用 C/C++语言开发地图生成器程序，工程名为 BSPDungeon。

1）程序结构设计

（1）在工程中添加 main.cpp 作为程序主文件。

（2）在工程中添加 Common.h 文件，用于定义一般常量。

（3）在工程中添加 BiTree.h 和 BiTree.cpp，定义二叉树的数据结构和操作。

（4）在工程中添加 DungeonBuilder.h 和 DungeonBuilder.cpp，定义地下城的数据结构，以及生成随机地图的算法。

程序结构设计如表 1-3 所示。

表 1-3

文件	主要函数	说明
main.cpp	int main()	程序入口函数
BiTree.h BiTree.cpp	int CreateBiTree(BiTree &T);	构造空二叉树
	int DestroyBiTree(BiTree &T)	销毁二叉树
	int BiTreeEmpty(BiTree T)	若 T 为空二叉树，返回 TRUE；否则返回 FALSE
	int BiTreeHeight(BiTree T)	返回二叉树的高度
	int CountLeaf(BiTree T)	返回二叉树的叶子结点数
	int GetLeaves(BiTree T, BiTreeNode * * &pLeaves)	获得所有叶子结点，返回叶子结点数量
	int InsertChild(BiTree T, int lr, TElemType e)	插入子结点
	int PreOrderTraverse(BiTree &T, int depth)	先序遍历二叉树，打印树的结构

续表

文件	主要函数	说明
DungeonBuilder. h DungeonBuilder. cpp	void BuildDungeon( )	建造地下城（地牢）
	void SplitRoom(BiTree room)	使用二分空间分割法，递归生成二叉树
	void InitDungeon( )	初始化地牢
	void BuildWalls(BiTree root)	根据二叉树，建造墙壁
	void BuildDoors(BiTree root)	根据二叉树，随机在墙壁上开门
	void PutStairs(BiTree root, int stairs)	放置地下城的台阶（出入口）
	void PrintDungeon( )	显示地下城

2）算法设计

（1）算法设计思路。

使用二分空间分割（BSP）法来生成随机地图，算法思路如下：

① 考虑有一个比较大的矩形房间，在房间内随机建立一堵墙，把它分成两个更小的房间。

② 在墙上某个位置开扇门，把两个房间连通。

③ 如果分割后的房间内依然有较大空间，就按照前面的方法继续隔成更小的房间。（递归法）

④ 所有房间都无法再分，地图生成完毕。

⑤ 选择两个房间，分别放置入口和出口。

图 1-33 演示了根据 BSP 法生成地图的过程。其中矩形房间里面粗线条，是每一次递归时建立的隔断墙，隔断墙上的空格就是开的门。

图 1-33

（2）地图的随机性问题。

为了让地图生成的过程拥有随机性，在分割房间和开通门时，应该引入一些随机数：

① 随机确定隔断墙生成的方向（横向或纵向）。

② 随机选择隔断墙生成的位置。

③ 随机选择门的生成位置。

④ 随机选择入口和出口的位置。

（3）最小可分割房间问题。

① 第一种方法。

在算法的第③步中，要判断房间是否可以继续分割，需要定义"最小可分割房间"的尺寸。

假设在极端情况下，由某个房间 X 分割而来的两个小房间 a、b，是地图中允许出现的最小房间，那么房间 X 就是"最小可分割房间"。

用整数 0 表示空地,1 表示墙壁。在 Roguelike 类游戏中,可能出现的最小房间是这样的:

```
1, 1, 1
1, 0, 1
1, 1, 1
```

假设 a 和 b 都是最小房间,那么"最小可分割房间"应该是这样的:

```
1, 1, 1, 1, 1
1, 0, 1, 0, 1
1, 1, 1, 1, 1
```

若设最小房间内的空间为 MIN＝1,加上"墙"所占用的空间,最小可分割房间内的空间应该是 2 ∗ MIN＋1。

编程时,可以把 MIN 和 2 ∗ MIN＋1 定义成常量。通过调整 MIN 的大小,就可以控制地图中最小房间的尺寸。

② 第二种方法。

刚才我们考虑的是最小房间内的空间,若换一种表示方式呢?设最小房间的边长为 MIN,显然 MIN 的最小值应该为 3。因为用二维数组表示最小房间时,数组的大小为 3 ∗ 3。此时"最小可分割房间"的边长应该为 2 ∗ MIN－1。

由此可见,算法与数据结构的定义密切相关。如何定义房间的参数,将影响地图生成的算法。

本程序中将根据最小房间的边长来控制房间的大小,MIN＝5。

3）数据结构设计

本程序有两类数据结构,其一是游戏地图,其二是二叉树。

（1）游戏地图。

在 DungeonBuilder.h 中定义游戏地图的常量,并使用二维数组来存储整个地图。

```
// 数组的尺寸
#define COL            15
#define ROW            15
// 地图的最大边长
#define MAX            COL >ROW ? COL : ROW
// 地图数组
int gMap[ROW][COL];
```

最小房间和最小可分割房间的边长,也通过宏来定义为常量。

```
#define MIN        5
#define LIMIT      (2*MIN-1)
```

地图中的不同元素,用不同的数字来表示,分别为:

```
// 地图元素
#define FLOOR        0 // 空地
#define WALL         1 // 墙
#define DOOR         2 // 门
#define UP_STAIRS    3 // 入口
#define DOWN_STAIRS  4 // 出口
```

为方便在命令行中输出，每一个数组都有一个对应的符号，定义为 char 数组：

```
const char TILES[] ="#+IO";
```

符号说明如表 1-4 所示。

表 1-4

序号	符号	说明
1	空格	表示空地
2	'#'号	表示墙
3	'+'号	表示门
4	字母'I'	表示入口
5	字母'O'	表示出口

除此之外，在墙上建造"门"时，需要随机取"点"的坐标。定义"点"的数据结构如下：

```
// 定义"点"结构体
typedef struct Point
{
    int x, y;
} Point;
```

在地图最终生成时，内存中的二位数组存储的数据，可参考下面的结果：

```
1,1,1,1,1,1,1,1,1,1,1,1,1,1,1
1,0,0,0,0,1,0,0,1,0,0,0,0,0,1
1,0,0,0,0,1,0,0,1,0,0,0,0,0,1
1,1,1,2,1,1,0,0,1,0,0,0,0,0,1
1,0,0,0,0,1,0,0,1,1,1,2,1,1,1
1,0,0,0,0,1,1,2,1,0,0,0,0,0,1
1,0,0,0,0,2,0,1,0,0,0,0,0,0,1
1,0,0,0,0,1,0,0,1,0,0,4,0,0,1
1,1,2,1,1,0,0,1,1,1,1,2,1,1
1,0,0,0,0,1,0,0,2,0,0,0,0,0,1
1,0,0,0,0,1,0,0,1,0,0,0,0,0,1
1,0,3,0,0,1,2,1,0,0,0,0,0,1
1,0,0,0,0,1,0,0,1,0,0,0,0,0,1
1,0,0,0,0,1,0,0,1,0,0,0,0,0,1
1,1,1,1,1,1,1,1,1,1,1,1,1,1,1
```

在命令行中输出时，可参考下面的结果：

```
##############
#    #  #    #
#    #  #    #
###+##  #    #
#    #  ###+###
#    ##+#    #
#    #  #    #
```

```
#     #   #  ○  #
##+####   ####+##
#    #    +      #
#    #    #      #
#I   #+##        #
#    #   #      #
#    #   #      #
###############
```

（2）二叉树。

本程序使用二叉链表来实现二叉树，在 BiTree. h 文件中定义数据结构如下：

```
// 定义二叉树
typedef struct BiTreeNode
{
    TElemType data;   // 房间数据
    struct BiTreeNode *lchild;// 左孩子结点
    struct BiTreeNode *rchild;// 右孩子结点
} BiTreeNode,*BiTree;
```

二叉链表的数据结构如图 1-34 所示。

每个二叉树结点中，保存了当前的房间数据，使用 TElemType data 来表示。结构体定义如下：

```
// 定义地牢房间
typedef struct TElemType
{
    int x;          // x 坐标
    int y;          // y 坐标
    int width;        // 宽度
    int height;     // 高度
    int splitPoint;    // 建造墙的位置
    int splitVert;     // 建造墙的方向
} TElemType;
```

x 和 y 用于定义每个房间在二维数组中的位置，原点位于房间的左上角。width 和 height 用于定义房间的尺寸，分别代表房间数组的宽和高，如图 1-35 所示。

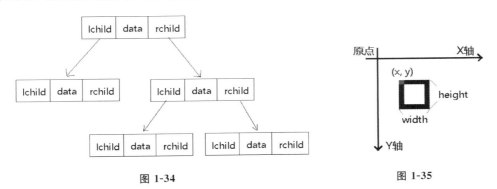

图 1-34   图 1-35

SplitVert 和 SplitPoint 表示房间的分割情况：

SplitVert＝1 时，表示在房间中垂直建一堵墙，SplitPoint 表示墙在水平方向上的坐标，如图 1-36(a)所示；

SplitVert＝0 时，表示在房间中水平建一堵墙，SplitPoint 表示墙在垂直方向上的坐标，如图 1-36(b)所示；

SplitVert 的默认值为－1，表示当前房间没有被分割。

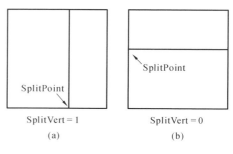

图 1-36

当使用 BSP 法对房间进行分割时，两个小房间分别会保存为当前结点的左右子树。若 SplitVert＝1，左子树表示左边的房间，右子树表示右边的房间；若 SplitVert＝0，左子树表示上边的房间，右子树表示下边的房间。

由于 BSP 法的特点，任意房间被分割时，一定为产生两个小房间。因此，若二叉树中的某个子树不为空，则必然同时拥有左右孩子结点。

4）实际效果

二叉树的根结点将用于保存整个地下城的初始房间数据，如下：

```
BiTree root;// 二叉树根结点
...// 为 root 分配内存
// 初始化房间数据
root->data.x=0;
root->data.y=0;
root->data.width=COL;
root->data.height=ROW;
root->data.splitPoint=-1;
root->data.splitVert=-1;
```

若在房间中间水平建立一堵墙，此时根结点的数据如下：

```
root->data.x=0;
root->data.y=0;
root->data.width=COL;
root->data.height=ROW;
root->data.splitPoint=8;
root->data.splitVert=0;
```

同时，根据 BSP 法分割后，root 将会增加左孩子、右孩子。

左孩子：

```
root->lchild->data.x=0;
root->lchild->data.y=0;
root->lchild->data.width=15;
root->lchild->data.height=8;
root->lchild->data.splitPoint=-1;
root->lchild->data.splitVert=-1;
```

右孩子：

```
root->lchild->data.x=0;
root->lchild->data.y=8;
root->lchild->data.width=15;
root->lchild->data.height=8;
root->lchild->data.splitPoint=-1;
root->lchild->data.splitVert=-1;
```

步骤一：创建工程

1）创建工程和解决方案

启动 Microsoft Visual Studio 2010，选择"文件 －＞新建 －＞项目"，新建 Win32 Console Application 工程，工程名为 BSPDungeon。创建该工程时，注意在"附加选项"中勾选"空项目"。

2）创建主函数

（1）右键单击"源文件"图标，在弹出菜单中选择"添加 －＞新建项"，创建 main. cpp 文件。

（2）在 main. cpp 文件中，创建 main()函数，如下所示：

```
#include <stdio.h>
int main(void)
{
    char c;
    do {
        printf("===地图生成器===\n");
        // TODO
        printf("输入 q 结束程序:");
        scanf("%c", &c);
        printf("\n");
    } while(c!='q');
    return 0;
}
```

3）编译运行

在 Microsoft Visual Studio 2010 的菜单中选择"生成 －＞生成 BSPDungeon"，然后按 F5 键启动调试。若正常编译，将看到图 1-37 所示的结果。

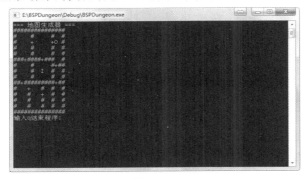

图 1-37

步骤二:定义二叉树

1) 定义常量

在头文件中,添加 Common. h 文件,定义一些公共常量。

```
#ifndef _COMMON_
#define _COMMON_
// 定义常量
#define OK 1
#define ERROR 0
#define TRUE -1
#define FALSE 0
#endif
```

2) 定义二叉树结构体

在头文件中添加 BiTree. h 文件,用于定义二叉树的结构体。

```
#ifndef _BINARY_TREE_
#define _BINARY_TREE_
#include "Common.h"
// 定义地牢房间
typedef struct TElemType
{
    int x;           // x 坐标
    int y;           // y 坐标
    int width;          // 宽度
    int height;      // 高度
    int splitPoint;     // 建造墙的位置
    int splitVert;     // 建造墙的方向
} TElemType;
// 定义二叉树
typedef struct BiTreeNode
{
    TElemType data;                // 房间数据
    struct BiTreeNode * lchild;     // 左孩子结点
    struct BiTreeNode * rchild;     // 右孩子结点
} BiTreeNode,*BiTree;
#endif
```

3) 定义二叉树的操作函数

在 BiTree. h 文件中添加如下操作函数的声明。注意:所有函数声明一定要写在 #endif 语句之前。

```
int CreateBiTree(BiTree &T);  // 构造空二叉树
int DestroyBiTree(BiTree &T); // 销毁二叉树
int BiTreeEmpty(BiTree T);      // 若 T 为空二叉树,返回 TRUE,否则返回 FALSE
int BiTreeHeight(BiTree T);      // 返回二叉树的高度
int CountLeaf(BiTree T);         // 返回叶子结点的数量
```

```
int GetLeaves(BiTree T, BiTreeNode* * &pLeaves);// 获得所有叶子结点,返回结点数量
int InsertChild(BiTree T, int lr, TElemType e);// 插入子结点
int PreOrderTraverse(BiTree &T, int depth);     // 先序遍历二叉树
```

步骤三:实现二叉树操作函数

1) 创建 BiTree.cpp 文件

在源文件中添加 BiTree.cpp 文件。在文件顶部,引入头文件如下:

```
#include <stdio.h>
#include <stdlib.h>
#include <malloc.h>
#include "Common.h"
#include "BiTree.h"
```

2) 创建二叉树

int CreateBiTree(BiTree &T)函数,用于创建一个空的二叉树。

```
int CreateBiTree(BiTree &T)
{
    // 分配内存
    T=(BiTree) malloc(sizeof(BiTreeNode));
    if ( T ==NULL )
    {
        printf("内存分配失败\n");
        exit(-1);
    }
    T->lchild=NULL;
    T->rchild=NULL;
    return OK;
}
```

3) 销毁二叉树

int DestroyBiTree(BiTree &T)函数,用于销毁二叉树。

根据二叉链表的特点,这里应该后序遍历二叉树的结点,在访问结束时释放内存。

```
int DestroyBiTree(BiTree &T)
{
    // 后序遍历二叉树,回收结点内存
    if (T->lchild!=NULL )
        DestroyBiTree(T->lchild);
    if (T->rchild!=NULL)
        DestroyBiTree(T->rchild);
    // 释放内存
    free(T);
    T=NULL;
    return OK;
}
```

4）判断二叉树是否为空

int BiTreeEmpty(BiTree T)函数，用于判断二叉树是否为空。若 T 为空二叉树，返回 TRUE；否则，返回 FALSE。

```
int BiTreeEmpty(BiTree T)
{
    if(T->lchild ==NULL && T->rchild ==NULL)
        return TRUE;
    else
        return FALSE;
}
```

5）返回二叉树的高度

int BiTreeHeight(BiTree T)函数，利用递归法，计算二叉树的高度。

```
int BiTreeHeight(BiTree T)
{
    int h1, h2;
    if(T ==NULL)
        return 0;
    h1=BiTreeHeight(T->lchild);
    h2=BiTreeHeight(T->rchild);
    if(h1 >h2)
        return h1+1;
    else
        return h2+1;
}
```

6）返回叶子结点数

int CountLeaf(BiTree T) 函数，利用递归法，计算二叉树叶子结点的数量。

```
int CountLeaf(BiTree T)
{
    if(T ==NULL)
        // 结点为空，返回 0
        return 0;
    else if( BiTreeEmpty(T) )
        // 是叶子结点，返回 1
        return 1;
    else
        // 返回左、右子树叶子结点之和
        return CountLeaf(T->lchild)+CountLeaf(T->rchild);
    return 0;
}
```

7）插入子结点

int InsertChild(BiTree T，int lr，TElemType e)函数，用于插入子结点。参数 T 是父结点，lr 表示插入左子树还是右子树，e 是结点中存储的数据。

在这个函数中,需要使用 malloc 函数为结点动态分配内存,然后将 e 中的数据赋值给该结点。
注意:插入子结点前,应该先检查 T 是否本来就拥有对应结点。

```
int InsertChild(BiTree T, int lr, TElemType e)
{
    BiTreeNode *pTmp;// 临时结点指针
    // 检查父结点是否为空
    if(T ==NULL)
    {
        printf("父结点不能为空");
        return ERROR;
    }
    // 为子结点分配内存
    pTmp=(BiTreeNode*) malloc( sizeof(BiTreeNode) );
    if( pTmp ==NULL )
    {
        printf("内存分配失败");
        exit(-1);
    }
    else
    {
        // 初始化此结点
        pTmp->data=e;
        pTmp->lchild=NULL;
        pTmp->rchild=NULL;
    }
    // 判断应为左孩子还是右孩子
    // 若 lr 为 0 则插入左孩子,为 1 则插入右孩子
    if(lr ==0)
    {
        // 如原来左子树不为空,即销毁左子树
        if(T->lchild!=NULL)
            DestroyBiTree(T->lchild);
        T->lchild=pTmp;
    }
    else
    {
        // 如原来右子树不为空,即销毁右子树
        if(T->rchild!=NULL)
            DestroyBiTree(T->rchild);
        T->rchild=pTmp;
    }
    return OK;
}
```

8）获得所有叶子结点

int GetLeaves(BiTree T，BiTreeNode＊＊&pLeaves)函数，返回二叉树中所有的叶子结点。参数中的 T 是二叉树的根结点；pLeaves 是一个动态指针数组，用于返回叶子结点数组，数组的大小由叶子结点的数量决定。

本函数使用非递归、后序遍历实现，在访问结点结束时，使用 BiTreeEmpty 来判断是否为叶子结点，然后将叶子结点保存到动态数组 pLeaves 中。

```c
int GetLeaves(BiTree T, BiTreeNode**&pLeaves)
{
    // 定义叶子结点数组
    BiTreeNode**leaves;
    int count;// 叶子结点总数
    int index=0;
    // 定义两个栈,stack1 保存结点,stack2 保存结点的访问状态
    // 栈的容量由树的高度决定
    // 两个栈共用一个栈顶指针
    BiTreeNode**stack1;
    int *stack2;
    int height;// 树的高度
    int top;// 栈顶指针
    int tag;// 访问状态标识
    // 临时结点,用于记录当前结点的指针
    BiTreeNode *pCur;
    if (T ==NULL)
    {
        printf("结点为空\n");
        return 0;
    }
    // 叶子结点数组,长度与叶子结点的数量一致
    count=CountLeaf(T);
    leaves=(BiTreeNode**)malloc(sizeof(BiTreeNode*)*count);
    // 栈的最大深度,与树的深度一致
    height=BiTreeHeight(T);
    stack1=(BiTreeNode**)malloc(sizeof (BiTreeNode*)*(height+1) );
    stack2=(int*)malloc( sizeof(int)*(height+1) );
    // 后序遍历二叉树
    pCur=T;// 记录根结点
    index=0;  // 结点数组下标初始为 0
    top=0;    // 栈顶指针初始为 0
    tag=1;    // 循环标识,初始为 1,遍历结束后为 0
    do {
        while (pCur!=NULL)
        {
```

```
            stack1[++top]=pCur;    // 当前结点入栈
            stack2[top]=0;             // 状态设置为0,标识"左子树准备入栈"
            pCur=pCur->lchild;      // 移动到左子树,准备继续入栈
        } // 左子树为NULL,停止入栈
        if(top==0)      // 若栈顶指针为0,说明已经访问到根结点
            tag=0;// 停止遍历
        else if(stack2[top] ==0) // 若左子树已入栈
        {
            pCur=stack1[top]->rchild;// 当前结点移动到右子树
            stack2[top]=1;   // 状态设置为1,标识"右子树准备入栈"
        }
        else// 左右子树均已访问
        {
            pCur=stack1[top];// 弹栈
            top--;
            if( BiTreeEmpty(pCur) )      // 若是空树,就证明是叶子结点
                leaves[index++]=pCur;  // 将叶子结点保存到数组中
            pCur=NULL;// 此结点已经访问,设为NULL,避免重复入栈
        }
    } while ( tag!=0 );
    // 释放栈内存
    free(stack1);
    free(stack2);
    pLeaves=leaves;
    return count;
}
```

9）打印二叉树

int PreOrderTraverse(BiTree &T，int depth)函数,用于打印二叉树。本程序在开发的过程中,将使用这个函数来查看二叉树的结构。

```
int PreOrderTraverse(BiTree &T, int depth)
{
    int i;
    if(T ==NULL)
        return ERROR;
    // 访问结点,打印当前房间的结构
    for(i=0; i <depth; i++)
        printf(" ");
    printf("Room[x=%d, y=%d, width=%d, height=%d, splitVert=%d, splitPoint=%d]\
n", T->data.x, T->data.y, T->data.width, T->data.height, T->data.splitVert, T->data.
splitPoint);
    // 继续访问子结点
    if(T->lchild!=NULL )
        PreOrderTraverse(T->lchild, depth+1);
```

```
        if（T->rchild!=NULL）
            PreOrderTraverse(T->rchild, depth+1);
        return OK;
    }
```

步骤四：定义地图生成器

1）定义地图数据结构

在头文件中添加 DungeonBuilder.h 文件，定义地图的数据结构及常量。

```
#ifndef _DUNGEON_BUILDER_
#define _DUNGEON_BUILDER_
#include "BiTree.h"
/// 定义地图常量
// 地图的大小
#define COL            15
#define ROW            15
// 地图的最大边长
#define MAX            COL >ROW ? COL : ROW
// 最小房间的边长
#define MIN            5
// 最小可分割房间的边长
#define LIMIT        （2*MIN -1）
// 地图元素
#define FLOOR           0 // 空地
#define WALL          1 // 墙
#define DOOR          2 // 门
#define UP_STAIRS        3 // 入口
#define DOWN_STAIRS    4 // 出口
// 地图元素在控制台输出的符号
const char TILES[] ="#+IO";
// 定义"点"结构体
typedef struct Point
{
    int x, y;
} Point;
#endif
```

2）定义函数

在同一个头文件中继续添加生成地图所需的功能函数。

```
// 建造地牢
void BuildDungeon();
// 使用二分空间分割法，递归生成二叉树
void SplitRoom(BiTree room);
// 初始化地牢
void InitDungeon();
```

```
// 建立墙壁,把地牢分割成若干独立空间
void BuildWalls(BiTree root);
// 在墙壁上开门,把空间连通起来
void BuildDoors(BiTree root);
// 放置台阶
void PutStairs(BiTree root, int stairs);
// 显示地牢
void PrintDungeon();
```

3）修改 main.cpp 文件

在 main.cpp 文件顶部添加对 DungeonBuilder.h 的引用。

```
#include <stdio.h>
#include <stdlib.h>
#include "DungeonBuilder.h"
```

步骤五:实现地图生成器

1）创建 DungeonBuilder.cpp 文件

在源文件中添加 DungeonBuilder.cpp 文件。在文件顶部,引入头文件如下:

```
#include <stdio.h>
#include <stdlib.h>
#include <malloc.h>
#include "Common.h"
#include "DungeonBuilder.h"
```

同时,将地图数组定义为全局变量。

```
// 地图数组
int gMap[ROW][COL];
```

2）初始化地牢

void InitDungeon()函数将地图数组初始化。初始化时,将地图内部元素填满为整数 0,外面一圈"边界"填满为整数 1。

```
// 初始化地牢
void InitDungeon()
{
    int x, y;
    // 初始化地牢数组
    for(y=0; y <ROW; y++)
        for(x=0; x <COL; x++)
            gMap[y][x]=FLOOR;
    // 修建外墙,把地牢围起来
    for (x=0; x <COL; x++)
    {
        gMap[0][x]=WALL;
        gMap[ROW - 1][x]=WALL;
    }
    for (y=0; y <ROW; y++)
```

```
    {
        gMap[y][0]=WALL;
        gMap[y][COL - 1]=WALL;
    }
}
```

3）显示地牢

void PrintDungeon()函数，将地图数组打印到命令行界面，即显示地牢。

```
// 显示地牢
void PrintDungeon()
{
    int x, y;
    for(y=0; y <ROW; y++)
    {
        for(x=0; x <COL; x++)
            printf("%c", TILES[gMap[y][x]]);
        printf("\n");
    }
}
```

4）建造地下城

void BuildDungeon()函数，准备建造地下城。

BuildDungeon()是 DungeonBuilder 中的主要函数，用于创造整个地图，目前它的结构是这样的：

```
// 建造地牢
void BuildDungeon()
{
    BiTree root;// 二叉树根结点
    /*生成二叉树*/
    // 创建第一个房间
    CreateBiTree(root);
    // 初始化房间数据
    root->data.x=0;
    root->data.y=0;
    root->data.width=COL;
    root->data.height=ROW;
    root->data.splitPoint=-1;
    root->data.splitVert=-1;
    // 递归拆分房间，生成二叉树
    /*根据二叉树建立地牢*/
    // 初始化地牢
    InitDungeon();
    // 修建墙壁，将较大房间分割成小房间
    // 在墙上开门，使得左右、上下房间连通
```

```
            // 放置地牢的入口和出口
            /*地牢生成完毕,销毁二叉树*/
            // 销毁二叉树
            DestroyBiTree(root);
     }
```

目前 BuildDungeon()函数中,仅完成了对二叉树和地图的初始化,还有很多步骤要等下面的算法实现后,再逐步添加到 BuildDungeon()中。

5) 修改 main.cpp 函数

随机生成地图时需要使用随机数,为此应该在程序启动时就初始化随机数发生器。其次,在开发调试的过程中,应该经常运行程序观察运行结果。因此在 main.cpp 文件中增加如下语句:

```
#include <stdio.h>
#include <stdlib.h>
#include <time.h>
#include "DungeonBuilder.h"
int main(void)
{
    char c;
    // 随机数发生器,用于在房间中随机修建墙壁和门
    // 根据当前系统时间初始化随机数种子
    srand((unsigned) time(NULL));
    do {
        printf("===地图生成器===\n");
        // 建造地牢
        BuildDungeon();
        // 显示地牢
        PrintDungeon();
        printf("输入 q 结束程序:");
        scanf("%c", &c);
        printf("\n");
    } while(c!='q');
    return 0;
}
```

6) 实现房间分割

void SplitRoom(BiTree root) 函数,使用二分空间分割法,递归生成二叉树。

```
    void SplitRoom(BiTree root)
    {
        int nSplitVert;
        int nSplitPoint;
        TElemType sLeft;
        TElemType sRight;
        // 判断房间是否还可以继续分割
```

```
if（root->data.width >=LIMIT || root->data.height >=LIMIT)
{
    // 决定房间分割方向
    if（root->data.width <LIMIT）
    {
        // 当房间的宽度不够时，修建一堵横着的墙，把房间分割成上下两半
        nSplitVert=0;
    }
    else if（root->data.height <LIMIT）
    {
        // 当房间的高度不够时，修建一堵竖着的墙，把房间分割成左右两半
        nSplitVert=1;
    }
    else
    {
        // 房间足够大，随机决定墙壁的方向
        nSplitVert=rand()%2;
    }
    // 随机选择一个位置，建造一堵墙
    if（nSplitVert）// 分成左右两半
    {
        // 在 data.x 和 data.width 之间随机选择一个位置来建墙
        if（root->data.width ==LIMIT）
        {
            // 最小可分割房间，只能在固定位置建造墙壁
            nSplitPoint=(root->data.x+MIN -1);
        }
        else
        {
            nSplitPoint=(root->data.x+MIN -1)+ rand() %（root->data.width -
LIMIT）;
        }
        // 左边的房间
        sLeft.x=root->data.x;
        sLeft.y=root->data.y;
        sLeft.width=nSplitPoint - root->data.x+1;
        sLeft.height=root->data.height;
        sLeft.splitVert=-1;
        sLeft.splitPoint=-1;
        // 右边的房间
        sRight.x=nSplitPoint;
        sRight.y=root->data.y;
        sRight.width=root->data.width - sLeft.width+1;
```

```
            sRight.height=root->data.height;
            sRight.splitVert=-1;
            sRight.splitPoint=-1;
        }
        else // 分成上下两半
        {
            // 在 data.y 和 data.height 之间随机选择一个位置来建墙
            if (root->data.height ==LIMIT)
            {
                // 最小可分割房间,只能在固定位置建造墙壁
                nSplitPoint=(root->data.y+MIN -1);
            }
            else
            {
                nSplitPoint=(root->data.y+MIN -1)+rand() %(root->data.height -
LIMIT);
            }
            // 上面的房间
            sLeft.x=root->data.x;
            sLeft.y=root->data.y;
            sLeft.width=root->data.width;
            sLeft.height=nSplitPoint -root->data.y+1;
            sLeft.splitVert=-1;
            sLeft.splitPoint=-1;
            // 下面的房间
            sRight.x=root->data.x;
            sRight.y=nSplitPoint;
            sRight.width=root->data.width;
            sRight.height=root->data.height -sLeft.height+1;
            sRight.splitVert=-1;
            sRight.splitPoint=-1;
        }
        // 记录此房间的分割方式
        root->data.splitVert=nSplitVert;
        root->data.splitPoint=nSplitPoint;
        // 插入左右孩子结点
        InsertChild(root, 0, sLeft);
        InsertChild(root, 1, sRight);
        // 继续分割房间
        SplitRoom(root->lchild);
        SplitRoom(root->rchild);
    }
}
```

在 BuildDungeon() 函数的 InitDungeon() 语句前，添加如下语句：

```
// 递归拆分房间，生成二叉树
SplitRoom(root);
// 先序遍历，打印二叉树
PreOrderTraverse(root, 0);
```

编译运行，可以看到生成的二叉树结构如下：

```
===地图生成器===
Room[x=0, y=0, width=15, height=15, splitVert=1, splitPoint=5]
Room[x=0, y=0, width=6, height=15, splitVert=0, splitPoint=7]
Room[x=0, y=0, width=6, height=8, splitVert=-1, splitPoint=-1]
Room[x=0, y=7, width=6, height=8, splitVert=-1, splitPoint=-1]
Room[x=5, y=0, width=10, height=15, splitVert=1, splitPoint=9]
Room[x=5, y=0, width=5, height=15, splitVert=0, splitPoint=8]
Room[x=5, y=0, width=5, height=9, splitVert=0, splitPoint=4]
Room[x=5, y=0, width=5, height=5, splitVert=-1, splitPoint=-1]
Room[x=5, y=4, width=5, height=5, splitVert=-1, splitPoint=-1]
Room[x=5, y=8, width=5, height=7, splitVert=-1, splitPoint=-1]
Room[x=9, y=0, width=6, height=15, splitVert=0, splitPoint=9]
Room[x=9, y=0, width=6, height=10, splitVert=0, splitPoint=4]
Room[x=9, y=0, width=6, height=5, splitVert=-1, splitPoint=-1]
Room[x=9, y=4, width=6, height=6, splitVert=-1, splitPoint=-1]
Room[x=9, y=9, width=6, height=6, splitVert=-1, splitPoint=-1]
```

由于此时还没有处理地图数组，因此地牢看起来就是一个大房间。

```
###############
#             #
#             #
#             #
#             #
#             #
#             #
#             #
#             #
#             #
#             #
#             #
#             #
#             #
###############
```

7）建造墙壁

void BuildWalls(BiTree root) 函数，使用先序遍历，根据二叉树中记录的房间信息，在左、右房间之间建立墙壁，把地牢分割成若干独立空间。

```
void BuildWalls(BiTree root)
```

```
    {
        int x, y;
        // 如果此结点不为空,就说明需要建一堵墙把空间分割开
        if(! BiTreeEmpty(root))
        {
            // 判断应该建立纵向的墙还是横向的墙
            if(root->data.splitVert)
            {
                x==root->data.splitPoint;// 建墙的位置
                for(y=root->data.y;y<root->data.y+ root->data.height;y++)
                    gMap[y][x]=WALL;
            }
            else
            {
                y=root->data.splitPoint;// 建墙的位置
                for(x=root->data.x;x<root->data.x+ root->data.width;x++)
                    gMap[y][x]=WALL;
            }
            BuildWalls(root->lchild);
            BuildWalls(root->rchild);
        }
    }
```

在 BuildDungeon()的 DestroyBiTree(root)语句前,添加如下语句:

```
    // 修建墙壁,将较大房间分割成小房间
    BuildWalls(root);
```

编译运行,可以看到结果如下:

```
###############
#     #   #   #
#     #   #   #
######   #   #
#    #  ######
#   ####     #
#   #  #     #
#   #  #     #
######  #######
#   #  #     #
#   #  #     #
#  ####      #
#   #  #     #
#   #  #     #
###############
```

8) 在墙壁上开门

void BuildDoors(BiTree root) 函数,使用先序遍历,在每两个房间之间的墙壁上随机开

门，将所有房间连通起来。

```
void BuildDoors(BiTree root)
{
    int x, y;
    Point points[MAX];// 记录可以开门的坐标
    int pointCount=0;
    int selection;
    // 如果此结点不为空，就说明需要开门把左右（上下）房间连起来
    if (!BiTreeEmpty(root))
    {
        // 根据墙的方向，决定可以在哪些位置开门
        if (root->data.splitVert)
        {
            x=root->data.splitPoint;
            for(y=root->data.y;y<root->data.y+ root->data.height;y++)
            {
                if(gMap[y][x+1]==FLOOR&&gMap[y][x-1]==FLOOR&&y!=0&&y!=ROW-1)
                {
                    // 记录坐标
                    points[pointCount].x=x;
                    points[pointCount].y=y;
                    pointCount++;
                }
            }
        }
        else
        {
            y=root->data.splitPoint;
            for(x=root->data.x;x<root->data.x+ root->data.width;x++)
            {
                if(gMap[y+1][x]==FLOOR&&gMap[y-1][x]==FLOOR
&&x!=0&&x!=COL-1)
                {
                    // 记录坐标
                    points[pointCount].x=x;
                    points[pointCount].y=y;
                    pointCount++;
                }
            }
        }
        // 随机选择一个位置，打通墙壁，安上门
        selection=rand()%pointCount;
        gMap[points[selection].y][points[selection].x]=DOOR;
```

```
        // 继续递归左右子树
        BuildDoors(root->lchild);
        BuildDoors(root->rchild);
    }
}
```

在 BuildDungeon() 的 DestroyBiTree(root) 语句前,添加如下语句:

```
    // 在墙上开门,使得左右、上下房间可以连通
    BuildDoors(root);
```

编译运行,结果如下:

```
###############
#     #  #     #
#     #  #     #
###+##   #     #
#     #  ###+###
#     ##+#     #
#     #  #     #
#     #  #     #
##+###   ####+##
#     #  +     #
#     #  #     #
#     #+##     #
#     #  #     #
#     #  #     #
###############
```

9）放置台阶

void PutStairs(BiTree root,int stairs) 函数,用于在随机房间中放置一个台阶。

```
    // 放置台阶
    // 随机挑选两个叶子结点,再分别放置地牢的入口和出口
    void PutStairs(BiTree root, int stairs)
    {
        int x, y;
        BiTreeNode **pLeaves;// 叶子结点数组
        int count;       // 叶子结点总数
        int index;       // 被选中的结点
        TElemType room; // 被选中的房间
        // 查询二叉树的叶子结点(即房间)
        count=GetLeaves(root->lchild, pLeaves);
        // 随机选择一个房间
        index=rand()%count;
        room=pLeaves[index]->data;
        // 在房间内随机选择一个位置
```

```
        x=room.x+1+rand()%(room.width-2);
        y=room.y+1+rand()%(room.height-2);
        gMap[y][x]=stairs;
        // 释放指针数组
        free(pLeaves);
    }
```

为了增加地下城的复杂度，不让出口和入口离得太近，可以分别从根结点的左、右子树中，各随机选择一个房间来放置地牢的入口和出口。

在 BuildDungeon()函数的 DestroyBiTree(root)语句前添加下列代码：

```
    if(rand()%2)
    {
        PutStairs(root->lchild, UP_STAIRS);
        PutStairs(root->rchild, DOWN_STAIRS);
    }
    else
    {
        PutStairs(root->lchild, DOWN_STAIRS);
        PutStairs(root->rchild, UP_STAIRS);
    }
```

编译运行，结果如下：

```
##############
#     #  #      #
#     #  #      #
###+##   #      #
#     #   ###+###
#   ##+#      #
#     #  #      #
#     #  #  O  #
##+###    ####+##
#     #  +      #
#     #  #      #
#I   #+##     #
#     #  #      #
#     #  #      #
##############
```

5　图（公交线路图）

5.1　实验目标

（1）掌握图的定义和图的邻接表存储结构。
（2）掌握图的创建方法。

（3）掌握顶点和边的操作。

（4）掌握图的基本算法并能实际应用。

（5）掌握图的深度优先搜索算法以及实现方法。

（6）使用 C/C++语言和图实现"公交线路图"专题。

5.2 实验任务

本程序是一个控制台程序,模拟城市公交系统,程序中保存了城市的公交线路和公交站点信息。公交线路和站点满足以下条件:

（1）某些站点之间有一条或多条公交线路直接到达,即连通;

（2）每条公交线路经过若干站点;

（3）相同的行经路线都有上行和下行两条公交线路,公交线路都是单向行驶的(有向图)。公交线路示意图如图 1-38 所示。

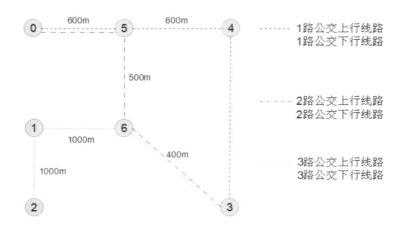

图 1-38

① 站点信息。

站点信息包括站点编号和名字,如表 1-5 所示。

表 1-5

站点编号	站点名字
0	A 站点
1	B 站点
2	C 站点
3	D 站点
……	……

② 公交线路信息。

若称两个相邻站点之间的一段路线为一个"路段",那么每条公交线路则由若干连续路段组成。每个路段中的信息包括线路编号、线路两端站点编号、路段长度,如表 1-6 所示。

表 1-6

线路编号	站点 1	站点 2	距离/m
1	A 站点	B 站点	700
1	B 站点	C 站点	1000
1	C 站点	D 站点	600
1	D 站点	……	……

程序为控制台程序,使用图数据结构和算法,开始运行时,输出菜单,供用户选择。具体实现的功能如下:

1) 创建公交线路图

输入站点和公交线路数据,程序根据站点信息和线路信息创建公交线路图。

(1)站点信息集合(编号、名字)。

(2)公交线路信息集合(线路编号、线路两端站点编号、路段长度)。

2) 查询公交线路和站点信息

为验证公交线路图是否创建成功,程序需实现查询公交线路和站点信息功能。

(1) 查询公交线路:输入公交线路编号,系统通过公交线路编号查找到该线路途经的所有站点并输出。

(2) 查询站点信息:输入站点编号,系统通过站点编号查找到所有经过该站点的公交线路并输出。

3) 查询两站点之间的路线,找到至多换乘 1 次的路线,并输出结果

用户输入要查询的起点和终点,程序先判断两个站点之间是否有一条路径(即两个站点之间是否连通)。若两个站点之间有路线,则找到所有最多换乘 1 次的路线,然后依次输出,如图 1-39 所示。

图 1-39

(1) 提示共找到几条路线:从|起点站名|到|终点站名|共找到 N 条路线,如图 1-40所示。

(2) 循环依次输出每条路线,有路线编号和站点与公交信息。依次输出路线中经过的每一站,并在站点与站点之间输出两站之间所坐的公交车名,如图 1-41 所示。

图 1-40　　　　　　　　　　　图 1-41

（3）若两个站点之间没有可以找到的路线，则提示用户"两站点之间没有公交路线！"，如图 1-42 所示。若两个站点之间有路线，但是不满足最多换乘 1 次的条件，则提示用户"没有满足条件的路线！"，如图 1-43 所示。

图 1-42

图 1-43

5.3 实验实施

设计思路

使用 Microsoft Visual Studio 2010 创建一个 Win32 Console Application 工程，使用 C++ 语言开发公交系统，工程名为 maps。

1）程序结构设计

（1）main.cpp 文件：程序入口。

（2）menu.h 文件和 menu.cpp 文件，用于声明和实现功能菜单。

（3）data.h 文件和 data.cpp 文件，用于存放站点和线路数据。

（4）model.h 文件，用于定义图的数据结构。

（5）map.h 文件和 map.cpp 文件，用于声明和实现站点图相关的功能。

程序结构如图 1-44 所示。

2）界面设计

在 int main(void) 函数中输出菜单，将系统功能列出来，供用户选择，如图 1-45 所示。

图 1-44

3）数据结构设计

（1）图的存储。

当保存图结构时，既要保存顶点信息，也要保存边。图可用数组或链表来存储。

数组表示，常用一维数组来保存顶点的集合，使用二维数组来保存边的集合。

链表表示，常用邻接表、十字链表等方式存储图的顶点和边的信息。

定义一维数组保存顶点信息，定义链表（邻接表）保存边的集合，链表中每个元素表示该顶点的一条边。

（2）公交路线图。

公交路线图可以看作是一个带权的有向图，使用邻接表来保存，如图 1-46 所示。

所有站点即为图的顶点；

当两个站点之间铺设公交时,表示两个顶点相连,为一条边;
两个站点之间的距离,即为边的权值。

图 1-45

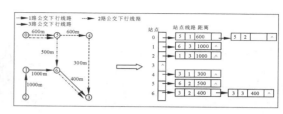

图 1-46

步骤一:创建工程

(1) 启动 Microsoft Visual Studio 2010,选择"文件 －＞新建 －＞项目",新建"Win32 控制台应用程序",工程名为"maps",就创建一个空的 Win32 控制台应用程序。

(2) 在头文件中添加 data. h、map. h、model. h 和 menu. h 文件,在源文件中添加 data. cpp、main. cpp、map. cpp 和 menu. cpp 文件。

(3) 定义程序入口函数。

① 在 main. cpp 文件中添加 int main(void)函数作为程序入口函数。

② 在 main()函数里添加以下代码,显示菜单。

```
// 主菜单循环
while(bRunning)
{
        // 输出界面
        cout <<"=====公交管理系统=====" <<endl;
        cout <<"1.查询公交线路" <<endl;
        cout <<"2.查询站点信息" <<endl;
        cout <<"3.查询两个站点公交线路" <<endl;
        cout <<"0.退出" <<endl;
        ......
}
```

(4) 编译和调试运行,如图 1-45 所示。

步骤二:定义图

1) 定义站点信息和线路信息数据

在 data. cpp 中定义公交信息数组 BUSES、站点信息数组 STATIONS、路线信息数组 ROUTES,并在 data. h 中声明。

```
// 路线信息数组
int ROUTES[ROUTE_NUM][4]={
        0,14,26,400, // 1 路上行,方庄道口,镇中学
        0,26,35,650, // 1 路上行,镇中学,安定医院
        0,35,18,800, // 1 路上行,安定医院,镇政府
        0,18,34,750, // 1 路上行,镇政府,市医院
        0,34,0,750, // 1 路上行,市医院,邮电局
        0,0,56,700, // 1 路上行,邮电局,北环路
```

```
        0,56,30,600, // 1 路上行,北环路,土产公司
        0,30,44,850, // 1 路上行,土产公司,市二中
        0,44,39,550, // 1 路上行,市二中,国营汽车站
        0,39,5,500,  // 1 路上行,国营汽车站,个体汽车站
        0,5,40,900,  // 1 路上行,个体汽车站,模具城
        0,40,25,600, // 1 路上行,模具城,博爱医院
        0,25,50,400, // 1 路上行,博爱医院,开发区
        0,50,55,900, // 1 路上行,开发区,张孙村
        1,55,50,900, // 1 路下行,张孙村,开发区
        1,50,25,400, // 1 路下行,开发区,博爱医院
        ......
};
// 公交信息数组
char *BUSES[BUS_NUM][3]={
        "1 路上行","方庄道口","张孙村",
        "1 路下行","张孙村","方庄道口",
        "2 路上行","汽车站","汽车站",
        "2 路下行","汽车站","汽车站",
        "3 路上行","孙村","南王曼",
        "3 路下行","南王曼","孙村",
        "6 路上行","胡庄子","广信颐园",
        "6 路下行","广信颐园","方庄子",
};
// 站点信息数组
char *STATIONS[STATION_NUM]=
{
"邮电局","汽车站","新华小学","华兴街道口","二医院",
"个体汽车站","劳动大厦","盐业大厦","汇源宾馆","贸易城",
"供销大厦","建材市场","驾校","交通局","方庄道口",
"海景花园","南王曼","广信宁园","镇政府","实验小学",
"公园","胡庄子","供销花园","市三中","广电局",
"博爱医院","镇中学","小肥羊","联通大厦","盐场新区",
"土产公司","南环路","市中医院","盐场小区","市医院",
......
};
```

其中站点信息编号和线路信息编号用数组下标代替。

2）定义结构体

在 model.h 文件中定义结构体。

（1）定义结构体 Bus 代表一个公交车线路：

```
typedef struct Bus
{
    char* name;// 公交名
```

```
        int start;// 起点
        int end;// 终点
    }Bus;
```

（2）定义结构体 Station 代表一个站点：

```
    typedef struct Station
    {
        char* station;// 站点名
        struct Route* routes;// 从该站点出发的所有下行路线的链域
    }Station;
```

（3）定义结构体 Route 代表公交线路中的一个路段（邻接表结点）：

```
    typedef struct Route
    {
        int station;// 指向的站点索引号
        int bus;        // 公交索引号
        int distance;// 两站之间公路的距离
        struct Route* next;// 起始站点相同的,下一条下行路线
    }Route;
```

（4）定义结构体 BusMap 存储整个公交地图信息：

```
    typedef struct BusMap
    {
        Bus* buses;// 公交线路数组
        Station* stations;// 站点数组
        int station_num;// 站点数
        int bus_num;// 公交线路数
    }BusMap;
```

步骤三：创建公交线路

（1）在 map.cpp 文件中定义全局变量 BusMap_g,用于保存公交地图信息。

（2）在 map.h 文件和 map.cpp 文件中定义并实现函数 LoadMapDate,用于实现创建图。

（3）在 LoadMapDate 函数中实现加载公交线路信息和站点信息。

① 加载公交线路信息,将公交线路数组中的信息加载到 g_sMap 中的公交线路数组中。

```
    g_sMap.bus_num=BUS_NUM;
    g_sMap.buses=(Bus*)malloc(sizeof(Bus)*BUS_NUM);
    for( int i=0; i <BUS_NUM; i++)
    {
    g_sMap.buses[i].name=BUSES[i][0];
    g_sMap.buses[i].start=g_sMap.buses[i].end=None;
    }
```

② 加载站点信息,将站点数组中的信息加载到 g_sMap 中的站点数组中。

```
    g_sMap.station_num=STATION_NUM;
    g_sMap.stations=(Station*)malloc(sizeof(Station)*STATION_NUM);
    for( int i=0; i <STATION_NUM; i++)
```

```
    {
    g_sMap.stations[i].station=STATIONS[i];//初始化站点名
    g_sMap.stations[i].routes=NULL;//下行线路暂时设置为空
    }
```

（4）添加公交线路信息。

① 创建 int FindBus(char * bus) 函数，用于查找 Bus 对象，返回其索引号。

```
    int FindBus(char*bus)
    {
    for(int i=0; i <g_sMap.bus_num; i++)
    {
        if(strcmp(g_sMap.buses[i].name, bus) ==0)
        {
            return i;
        }
    }
    return None;
    }
```

② 创建 int GetBus(char * bus) 函数，用于插入一个公交线路，并返回其索引号，如果已经存在，则直接返回索引号。

```
    int GetBus(char*bus)
    {
    int nBus=FindBus(bus);
    if(nBus ==None)
    {
        g_sMap.buses=(Bus* )realloc(g_sMap.buses, sizeof(Bus)*(g_sMap.bus_num+1));
        Bus*pBus=g_sMap.buses+g_sMap.bus_num;
        pBus->name=bus;
        pBus->start=pBus->end=None;
        nBus=g_sMap.bus_num;
        g_sMap.bus_num++;
    }
    return nBus;
    }
```

③ 创建 int FindStation(char * station) 函数，用于查找 Station 对象，返回其索引号。

```
    int FindStation(char*station)
    {
    for(int i=0; i <g_sMap.station_num; i++)
    {
        if(strcmp(g_sMap.stations[i].station, station) ==0)
            return i;
    }
```

```
            return None;
        }
```

④ 创建 int GetStation(char * station)函数,用于插入一个站点,并返回编号,如果该站点已经存在,则直接返回其编号。

```
    int GetStation(char*station)
    {
    int nStation=FindStation(station);
    if(nStation ==None)
    {
        g_sMap.stations=(Station*)realloc(g_sMap.stations, sizeof(Station)*(g_sMap.
    station_num+1));
        Station*pStation=g_sMap.stations+g_sMap.station_num;
        pStation->station=station;
        pStation->routes=NULL;
        nStation=g_sMap.station_num;
        g_sMap.station_num++;
    }
    return nStation;
    }
```

⑤ 创建 void AddBus(char * bus，char * pStart，char * pEnd)函数,用于添加公交车信息。

```
    void AddBus(char*bus, char*pStart, char*pEnd)
    {
    int nBus=GetBus(bus);
    int nStart=GetStation(pStart);
    int nEnd=GetStation(pEnd);
    Bus*pBus=g_sMap.buses+ nBus;
    pBus->start=nStart;
    pBus->end=nEnd;
    }
```

（5）添加路段信息。

创建 Status AddRoute(char * pBus，char * pStart，char * pEnd，int distance)函数,用于添加每个路段的信息,形成邻接表。

```
    Status AddRoute(char*pBus, char*pStart, char*pEnd, int distance)
    {
    int nBus=GetBus(pBus);
    int nStart=GetStation(pStart);
    int nEnd=GetStation(pEnd);
    // 插入起点的出边链域
    Station*pStStation=&g_sMap.stations[nStart];
    Route*pStRoute=pStStation->routes;
    while (pStRoute!=NULL && pStRoute->next!=NULL)
```

```
    while (pStRoute!=NULL && pStRoute->next!=NULL)
    {
        // 判断该边是否已存在,如果已经存在,则不插入
        if(pStRoute->bus ==nBus && pStRoute->station ==nEnd)
            return ST_FAIL;
        pStRoute=pStRoute->next;
    }
    // 创建新的路线
    Route*pNewRoute=(Route*)malloc(sizeof(Route));
    pNewRoute->bus=nBus;
    pNewRoute->station=nEnd;
    pNewRoute->distance=distance;
    pNewRoute->next=NULL;
        while (pStRoute!=NULL && pStRoute->next!=NULL)
    {
        // 判断该边是否已存在,如果已经存在,则不插入
        if(pStRoute->bus ==nBus && pStRoute->station ==nEnd)
            return ST_FAIL;
        pStRoute=pStRoute->next;
    }
    // 创建新的路线
    Route* pNewRoute=(Route*)malloc(sizeof(Route));
    pNewRoute->bus=nBus;
    pNewRoute->station=nEnd;
    pNewRoute->distance=distance;
    pNewRoute->next=NULL;
        // 若是起始顶点的第一条边
    if (pStRoute ==NULL)
        pStStation->routes=pNewRoute;
    else
        pStRoute->next=pNewRoute;
    return ST_OK;
    }
```

(6) 在 LoadMapDate 函数中实现添加公交线路信息和添加路段信息。

```
    // 添加公交线路信息
    for (int i=0; i <BUS_NUM; i++)
    AddBus(BUSES[i][0], BUSES[i][1], BUSES[i][2]);
    // 添加路段信息
    for (int i=0; i <ROUTE_NUM; i++)
    AddRoute(ROUTES[i][0], ROUTES[i][1], ROUTES[i][2], ROUTES[i][3]);
```

步骤四:查询公交线路和站点信息

(1) 在 map.cpp 中创建 int QueryStation(char * pStation, char * * buses)函数,实现查询站点信息,输出该站点所经线路信息。

```
int QueryStation(char*pStation, char**buses)
{
    //1.遍历该站点邻接表找到所有从该站点驶出的车
    //2.遍历所有邻接表找到所有驶入该站点的车
    ......
}
```

编译和调试运行,效果如图 1-47 所示。

图 1-47

（2）在 map.cpp 中创建 int QueryBus(char∗pBus，char∗∗route)函数,实现查询公交线路信息,返回路线中站点数和路线。

```
int QueryBus(char*pBus, char**route)
{
//1.查找公交
//2.找到公交及其信息
//3.输出起始站点
//4.输出各站点
}
```

编译和调试运行,效果如图 1-48 所示。

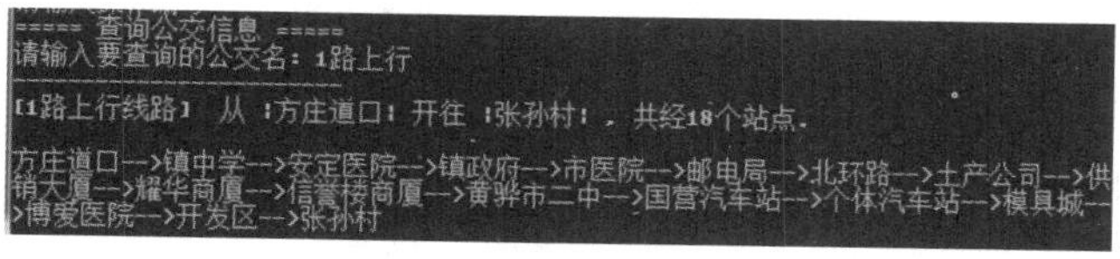

图 1-48

步骤五:数据结构调整

在 model.h 文件中添加 Path 结构体,并且修改 Route 结构体。

```
typedef struct Route
{
    int station;// 指向的站点索引号
    int bus;// 公交索引号
```

```
    int distance;// 两站之间公路的距离
    bool visited;// 遍历时的标志符
    struct Route*next;// 起始站点相同的,下一条下行路线
}Route;
typedef struct Path
{
    int station_num;// 路径中站点数
    char**stations;// 路径中各站点数组
    char**buses;// 站点与站点之间的路径数组
    int transfer;// 换乘次数
    int need_time;// 所需时间
    struct Path*next;// 指向下一个路径结点
}Path;
```

步骤六:编写 HasPath()函数

(1) 在 map.cpp 中编写函数 HasPath(char * pStart,char * pEnd)。

① 判断 pStart 与 pEnd 的站点是否存在,若不存在,则返回 None。

② 创建 visited 变量,用来保存该站点是否已被访问过,并初始为 false。

```
bool*visited=(bool*)malloc(sizeof(bool)*g_sMap.station_num);
for(int i=0; i<g_sMap.station_num; i++) visited[i]=false;
```

③ 调用 ClearVisited()函数,初始边中的访问标志。

④ 调用递归函数 HasPath()函数,判断是否连通。

```
bool bHas=HasPath(nStart, nEnd, visited);
```

⑤ 释放 visited,并返回结果。

(2) 编写递归函数 HasPath(int nStart,int nEnd,bool * visited)。

① 遍历当前结点全部的边。

```
Station*psStation=&g_sMap.stations[nStart];
Route*psRoute=psStation->routes;
while(psRoute!=NULL)
{
    ......
    psRoute=psRoute->next;
}
```

② 得到当前边指向的结点:

```
int nNode=psRoute->station;
```

③ 若当前结点 nNode 与 nEnd 相等,则返回 true。

④ 若访边未被访问,且对应的结点不在栈中,则递归调用该函数,判断 nNode 与 nEnd 之间是否连通,若连通则标志为 true。

```
if(psRoute->visited ==false && visited[nNode] ==false)
{
    psRoute->visited=true;
    if(HasPath(psRoute->station, nEnd, visited) ==true)
    {
```

```
                        bHas=true;
                        break;
                    }
            }
```

⑤ 若当前 nStart 结点没有一条边可以与 nEnd 结点连通，则弹出该结点，并将该结点所有边都标记为未访问。

```
        if(bHas ==false)
        {
            psRoute=psStation->routes;
            while (psRoute!=NULL)
            {
                ……
            }
            visited[nStart]=false;
        }
```

步骤七：编写 QueryRoutes()函数

（1）在 map. cpp 中编写 ClearVisited() 函数，遍历所有站点中所有的边，将边中的 visited 值设为 false。

（2）在 map. cpp 中编写 int QueryRoutes(char * pStart, char * pEnd, const int transfer, Path * * paths)函数。

① 判断 pStart 与 pEnd 的站点是否存在，不存在返回 None。

② 定义三个数组，分别保存当前压栈的站点编号、压栈的边指针、结点是否已经在栈中的标志数组。

```
        int*path=(int*)malloc(VexNum*sizeof(int));
        Route**route=(Route**)malloc(VexNum*sizeof(Route*));
        bool*visited=(bool*)malloc(VexNum*sizeof(bool));
```

③ 将始点设置为已访问，入栈。

```
        visited[nStart]=true;
        path[nTop++]=nStart;
```

④ 定义 int nTop 变量为栈顶，循环取出栈顶结点，直至栈中没有结点结束。

```
        while (nTop>0)
        {
            int vTopNode=path[nTop-1];
            ……
        }
```

⑤ 将始点设置为已访问，入栈。

```
        visited[nStart]=true;
        path[nTop++]=nStart;
```

⑥ 定义 int nTop 变量为栈顶，循环取出栈顶结点，直至栈中没有结点结束。

```
        while (nTop>0)
        {
            int vTopNode=path[nTop-1];
```

　　　……

　　}

⑦ 当栈顶元素为终点时,设置终点没有被访问过,打印栈中元素,弹出栈顶结点。

```
if(vTopNode ==nEnd)
{
    ……
}
```

⑧ 遍历当前结点全部的边。

```
Route*pRoute=g_sMap.stations[vTopNode].routes;
while(pRoute!=NULL)
{
    ……
    pRoute=pRoute->next;
}
```

⑨ 得到当前边指向的结点。

```
nNode=pRoute->station;
```

⑩ 没有从这个结点 V 出发访问过的结点,且没有入栈:

```
if(pRoute->visited ==false && visited[nNode] ==false)
{
    // 标志访问过该结点
    // 判断添加该线路,会不会增加换乘数
    // 标志是否找到新的结点
}
```

⑪ 如果有一个顶点满足条件 bHas=true:

```
if(bHas ==true)
{
    // 将该顶点入栈
}
else
{
    //如果没有,则将结点 V 访问到下一个结点的集合中每个边标为 false,V 出栈
}
```

步骤八:编写查询路径菜单

编写 menu.cpp 文件中的 void QueryRoutes()函数。

(1) 获得用户的输入。

```
i cout<<"=====查询两个站点公交线路(最多换乘 1 次) ====="<<endl;
cout <<"请输入要查询的起点:";
cin >>start;
cout <<"请输入要查询的终点:";
cin >>end;
cout <<"-------------------------------------- " <<endl;
```

(2) 调用 HasPath()函数判断两站点的连通性。

```
        if(HasPath(start, end) ==true)
        {
        }
        else
        {
            cout <<"两站点之间没有公交路线！" <<endl;
        }
```

（3）当 HasPath()函数为真时，调用 QueryRoutes()函数，查找路线。

```
        int nRouteNum=QueryRoutes(start, end, 1, &paths);
        if(nRouteNum >0)
        {
            //TODO：显示路线
        }
        else
        {
            cout <<"没有满足条件的路线！" <<endl;
        }
```

（4）若找到路线，则输出结果。

```
        // 输出搜索结果
        cout <<"从 |" <<start <<"|到 |" <<end <<"|共找到" <<nRouteNum <<"条路线 .";
        cout <<endl <<endl;
        Path* psPath=paths;
        Path* psCurPath=NULL;
        for(int i=0 ; i <nRouteNum; i++)
        {
            // 输出路线
            cout <<"线路" <<(i+1) <<":" <<endl;
            for (int i=0; i <psPath->station_num-1; i++)
            {
                cout <<psPath->stations[i] <<"-- [";
                cout <<psPath->buses[i] <<"]-->";
            }
            cout <<psPath->stations[psPath->station_num-1] <<endl;
            cout <<endl;
            // 移到下一条路线
            psCurPath=psPath;
            psPath=psPath->next;
            // 释放当前路线
            free(psCurPath->buses);
            free(psCurPath->stations);
            free(psCurPath);
        }
```

步骤九:编译运行

编译和调试运行程序,测试功能,如图 1-49 所示。

图 1-49

6 查找(字符统计程序)

实验目标

(1) 掌握查找定义。

(2) 掌握二叉排序树的构造。

(3) 应用二叉排序树进行查找。

(4) 使用 C/C++语言和查找实现"字符统计程序"专题。

实验任务

编写一个控制台的工程,程序可以对用户任意输入的字符串中的字符进行统计,统计出各种字符、标点、数字出现的次数。根据用户输入的字符,构建一个二叉排序树的动态查找表,key 为字符的 ACSII 码,count 值为该字符出现的次数。

1) 构建动态查找表

(1) 字符串的输入。

用户可任意输入一串字符,最多不超过 255 个字符,不包括回车符。

(2) 构建二叉排序树。

依次插入字符,在内存中创建一个二叉排序树的动态查找表,key 为字符的 ACSII 码,count 值为该字符出现的次数。

当插入字符时,在查找表中查询,如果对应字符的结点在查找表中,则将字符出现的次数加 1。如果不在查找表中,则添加字符结点到查找表中。

依次将所有的字符都添加到查找表中,查找表的构建过程,也完成了统计的过程。

每个结点的 count 值,即为对应字符出现的次数。

2) 删除空格字符

将所有的字符都插入完后,该动态查找表已经构建完成,但空格这个字符的字数不需要进行统计,因此,将空格字符从动态查找表中移除,即将二叉排序树中对应空格的结点删掉。

3) 二叉树结构输出

将内存中的二叉树以如下格式输出:

(1) 每个结点内容输出格式:[字符:字符出现次数]。

（2）左子树结点前加"L"，右子树结点前加"R"，根结点不添加。

（3）输出时，相邻两级之间，缩进两个空格符。

例如，当用户输入如下内容：

Every man loves what he is good at.

则动态生成的二叉排序树结构如图 1-50 所示。

4）二叉树的遍历

程序提供三种二叉排序树的遍历方式：前序、中序、后序。用户可以选择以一种方式来遍历生成的二叉排序树，并按顺序将遍历到的结点依次输出。

输出格式为［字符：字符出现次数］，每行一个结点，结点顺序为遍历的顺序。

例如，选择"2"表示中序遍历输出，如图 1-51 所示。

图 1-50

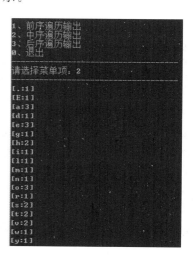

图 1-51

6.3 实验实施

设计思路

1）查找

查找在软件中应用非常广泛，在数据结构中，查找是根据给定的某个值，在查找表中确定一个其关键字等于给定值的记录或数据元素。

分析程序需求，字符统计实践与数据结构中查找理论的对应关系如表 1-7 所示。

表 1-7

查找理论	字符统计实践
给定的某个值	输入的一个字符
查找表	二叉排序树
关键字	统计的字符
记录或数据元素	二叉排序树中的一个结点

2）动态查找表

查找表分为静态查找表和动态查找表。动态查找表的特点是，表结构本身是在查找过程中动态生成的，即对于给定值 key，若表中存在其关键字等于 key 的记录，则查找成功，否则插入关键字等于 key 的记录。

本程序中的二叉排序树就是动态查找表的一种形式。依次将字符添加到查找表中，字符即为关键字，若字符存在，则将字符的计数器加1，若不存在，则向查找表中添加一个结点。

3）二叉排序树

动态查找表可有不同的表示方法，本程序中使用链式存储结构的二叉排序树来表示。二叉排序树或者是空树，或者是满足如下性质的二叉树：

（1）若它的左子树非空，则左子树上所有结点的值均小于根结点的值；

（2）若它的右子树非空，则右子树上所有结点的值均大于根结点的值；

（3）左、右子树本身又各是一棵二叉排序树。

本程序使用输入的字符作为关键字，字符的 ACSII 码的值是可以进行比较的。

例如，若要用字符 a、c、e 构建一棵二叉树，三个字符的大小关系是：a＜c＜e。因此，结点 c 一定在 a 的右子树中，结点 a 一定在 c 的左子树中。根据构建的二叉树的根结点不同，三个字符构建的二叉排序树有图 1-52 所示的三种形式：

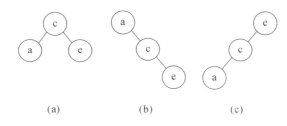

（a）　　　　　　（b）　　　　　　（c）

图 1-52

① 以 c 为根结点：a＜c，a 是 c 的左子树，e＞c，e 是 c 的右子树。

② 以 a 为根结点：a＜c＜e，e 是 c 的右子树，c 是 a 的右子树。

③ 以 e 为根结点：e＞c＞a，c 是 e 的左子树，a 是 c 的左子树。

4）二叉树的链式存储

由于字符的字数不固定，我们选择链式结构来存储二叉树。

二叉树的结点由数据和左右孩子指针组成。对于本专题，数据由字符 val 和字符出现的次数 count 组成。

二叉树结点定义如下：

```
typedef struct BSTNode
{
    char val;        // 存储字符
    int count;       // 存储字符出现次数
    struct BSTNode *lchild;  // 指向左孩子指针
    struct BSTNode *rchild;  // 指向右孩子指针
}BSTNode,*BSTree;
```

例如，图 1-53（a）所示的二叉树，在内存中的存储结构如图 1-53（b）所示。

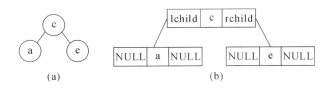

图 1-53

5）动态查找表的操作

对查找表常进行的操作：

（1）查询某个"特定的"数据元素是否在查找表中。

（2）检索某个"特定的"数据元素的种种属性。

（3）在查找表中插入一个数据元素。

（4）从查找表中删去某个数据元素。

本程序的功能、动态查找表操作与二叉排序树操作的对应关系如表 1-8 所示。

表 1-8

功能	动态查找表操作	二叉排序树操作
对字符串的字符出现次数进行统计	创建动态查找表	创建初始二叉排序树
	注销动态查找表	注销二叉排序树
	在动态查找表中查找某一元素	查找二叉树的某一个结点
	向动态查找表中添加某一元素	往二叉树中插入一个结点
删除空格字符	从动态查找表中删除某一元素	删除二叉排序树的某一个结点
二叉树的遍历二叉树结构输出	遍历动态查找表	遍历二叉排序树

6）工程

使用 Microsoft Visual Studio 2010 开发工具，创建一个空的控制台工程（Win32 Console Application）。利用树的存储结构和基于二叉排序树构建的动态查找表，使用C++语言开发字符统计程序，工程名为 CharStatistics。

7）文件结构

（1）创建 Main. cpp 文件，定义 int main(void)函数，作为程序的入口函数。

（2）创建 BSTree. h 文件与 BSTree. cpp 文件，实现二叉排序树的基本算法。

（3）创建 syslib. h 文件，用来导入系统的头文件。

（4）创建 Input. h 与 Input. cpp 文件，定义 GetItemNum()函数，实现获得用户数据选项的功能。

8）核心数据结构与函数

核心数据结构与函数如表 1-9 所示。

表 1-9

数据结构与函数	说明
BSTNode 结构体	二叉排序树结点的数据结构
InitBSTree()函数	初始二叉排序树

续表

数据结构与函数	说明
DestroyBSTree()函数	注销二叉排序树
InsertBST()函数	往二叉树中插入一个结点
SearchBST()函数	查找二叉树的某一个结点
DeleteBST()函数	删除二叉排序树的某一个结点
InOrderTraverse()函数	中序遍历输出
PreOrderTraverse()函数	前序遍历输出
PostOrderTraverse()函数	后序遍历输出
PrintTree()函数	以树的形式打印输出
Visit()函数	实现在遍历时访问结点的操作,在此实现将结点的内容以[字符:字符出现次数]形式输出

9）二叉树的构建过程

二叉树插入字符时,先要查找当前的二叉树中该结点是否已经存在,如果已经存在,只需要把字符的次数加1。若要插入的字符结点不存在,则需要找到插入的点,然后判断,如果该树为空,新增加的结点为根结点。否则,与插入点的字符进行比较:如果该字符值比插入结点的小,则将新结点添加到插入点的左子结点 lchild;如果该字符值比插入结点的大,则为新结点的右子结点 rchild。

二叉树插入字符的过程如图 1-54 所示。

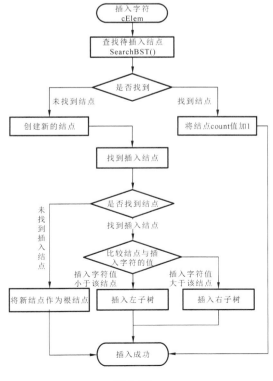

图 1-54

下面举例说明插入的过程,若输入字符串 here,依次插入构建二叉排序树的过程如下:

（1）h:树为空,创建 h 的结点,count＝1,h 结点为树的根结点,如图 1-55 所示。

（2）e:查找,没有 e 的结点,创建 e 的结点,count＝1。e 比 h 小,检查 h 的左子结点,h 的左子结点为空,则将 e 结点作为 h 的左子结点,如图 1-56 所示。

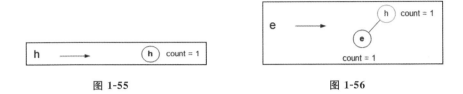

图 1-55　　　　　　　　　　图 1-56

（3）r:查找,没有 r 的结点,创建 r 的结点,count＝1。r 比 h 大,检查 h 的右子结点,h 的右子结点为空,则将 r 结点作为 h 的右子结点,如图 1-57 所示。

（4）e:查找,存在 e 的结点,将 e 结点的 count 数加 1,count＝2,如图 1-58 所示。

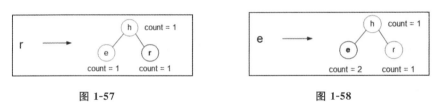

图 1-57　　　　　　　　　　图 1-58

步骤一:创建工程

启动 Microsoft Visual Studio 2010,创建一个空的 Win32 控制台工程,工程名为"CharStatistics",解决方案名默认为"CharStatistics"。

在工程中添加 Main.cpp 文件,创建 int main(void)函数作为程序运行的入口函数。实现代码如下:

```
int main(void)
{
    return 0;
}
```

添加 syslib.h 文件,用来导入系统的头文件。由于这几个库文件在每一个.cpp 文件中都要导入,所以统一在此文件中定义。在编写＊.cpp 文件时,先导入 syslib.h 文件。实现代码如下:

```
#pragma once
#include <stdio.h>
#include <iostream>
using namespace std;
```

步骤二:定义数据结构

（1）添加 BSTree.h 与 BSTree.cpp 文件。

（2）定义二叉排序树结点 BSTNode。

在 BSTree.h 文件中定义结构体 BSTNode。其中 val 存储字符值,count 存储字符出现的次数,lchild 与 rchild 分别指向二叉树的左、右子树结点。

```
typedef struct BSTNode
{
    char val;        // 存储字符
    int count;       // 存储字符出现次数
    struct BSTNode *lchild;  // 指向左孩子指针
    struct BSTNode *rchild;  // 指向右孩子指针
}BSTNode,*BSTree;
```

（3）定义函数操作的状态 Status。

```
enum Status
{
    TRUE=0, FALSE=1
};
```

步骤三：搭建程序框架

1）定义并编写 InitBSTree()函数

在 BSTree.h 文件中声明，在 BSTree.cpp 文件中进行函数的实现。

```
void InitBSTree(BSTree &pTree)
{
    pTree=NULL;
}
```

2）定义并编写 DestroyBSTree()函数

在 BSTree.h 文件中声明，在 BSTree.cpp 文件中进行函数的实现。这里使用递归来删除树，实现思路：

（1）如果当前结点为空，则直接返回。

（2）递归调用 DestroyBSTree()函数，删除当前结点的左子树。

（3）递归调用 DestroyBSTree()函数，删除当前结点的右子树。

（4）删除当前结点。

代码实现如下：

```
void DestroyBSTree(BSTree &pCurNode)
{
    if(pCurNode ==NULL)  return;
    DestroyBSTree(pCurNode->lchild);
    DestroyBSTree(pCurNode->rchild);
    free(pCurNode);
}
```

步骤四：构建二叉排序树

构建二叉排序树的动态查找表是二叉排序树的插入和查找两个操作共同完成的。二叉排序树的插入，是先搜索再插入。

① 当该结点存在时，则将该结点的计数加 1。

② 当该结点不存在时，则插入新的结点。

因此，InsertBST()与 SearchBST()函数要同时写，才能完成二叉排序树构建的过程。

1）函数声明

由于相互关联，为了方便编写，先在 BSTree.h 文件中将几个重要函数的接口定义出来，然后再分开编写，联合调试。

在 BSTree.h 文件中定义插入和查找函数，实现代码如下：

```
// 查询结点
BSTNode* SearchBST(const BSTree pTree, char cKey);
// 搜索二叉排序树中的结点
Status SearchBST ( BSTree pCurNode, char cKey, BSTree pParentNode, BSTree
&pFindNode);
```

2）插入结点

（1）在 BSTree.cpp 文件中添加 Status InsertBST(BSTree &tree，char cElem)函数体。

（2）编写实现 InsertBST()函数。

插入结点的基本实现思路：

① 先调用 SearchBST()函数，查找当前要插入的结点。

② 如果找到，则将 count 字段加 1。

③ 如果未找到，则创建一个新的结点。

若 cElem 的值比当前查找的结点小，则作为结点的左子树；若 cElem 的值比当前查找的结点大，则作为结点的右子树。代码实现如下：

```
Status InsertBST(BSTree &tree, char cElem)
{
    ......
    // 判断当前插入结点是否存在
    if (SearchBST(tree, cElem, NULL, pResultNode) ==FALSE)
    {
        ......
        // 如果查找结果为 NULL，表示二叉树中没有结点
        if (pResultNode ==NULL)
            tree=pNode;
        // 如果查找的结点比当前元素小，则插入左子树中
        else if (pResultNode->val >cElem)
            pResultNode->lchild=pNode;
        // 如果查找的结点比当前元素大，则插入右子树中
        else
            pResultNode->rchild=pNode;
        return TRUE;
    }
    // 结点存在，则将 count 加 1
    else
        pResultNode->count++;
    return TRUE;
}
```

3）查找结点

在 BSTree.cpp 文件中添加 Status SearchBST(BSTree tree，char cKey，BSTree pParentNode，BSTree &pResultNode)函数。

实现思路：

（1）若当前结点为空，则返回 pParentNode。

（2）若当前结点值等于 cKey，则将当前结点作为 pResultNode 返回。

（3）若其值大于 cKey，则递归调用 SearchBST（pNode －＞lchild，cKey，pNode，pResultNode），查找左子树。

（4）若其值小于 cKey，则递归调用 SearchBST（pNode －＞rchild，cKey，pNode，pResultNode），查找右子树。

代码实现如下：

```
Status SearchBST(BSTree tree, char cKey, BSTree pParentNode, BSTree &pResultNode)
{
    ......
    if (pNode ==NULL)
    {
        pResultNode=pParentNode;
        return FALSE;
    }
    else if(pNode->val ==cKey)
    {
        pResultNode=pNode;
        return TRUE;
    }
    else if (pNode->val >cKey)
        return SearchBST(pNode->lchild, cKey, pNode, pResultNode);
    else
        return SearchBST(pNode->rchild, cKey, pNode, pResultNode);
}
```

4）联调二叉树的构建过程

在主函数中，调用 InsertBST()函数，编译运行。代码实现如下：

```
int main(void)
{
// 1.接收文本的输入
char aText[MAX_TEXT_SIZE]="Every man loves what he is good at.";
char* pChar=aText;
// 2.构建二叉排序树
BSTree treeBST;
InitBSTree(treeBST);
// 3.逐个插入字符
while(*pChar!==NULL)
{
```

```
                InsertBST(treeBST,*pChar);
            pChar++;
        }
        // 4.打印输出树
        // 5.去除树中空格结点,并打印输出树
        // 6.遍历二叉排序树
        // 7.销毁二叉排序树
        DestroyBSTree(treeBST);
        return 0;
    }
```

编译运行后,将输出二叉排序树,以进一步判断两个算法是否正确。

5）二叉排序树的输出

（1）添加 Visit() 函数。

在 BSTree.cpp 文件中添加 Visit() 函数,将结点的值和计数输出,格式:[字符:字符出现次数]。

实现代码如下:

```
    void Visit(BSTNode* pNode)
    {
        if (pNode ==NULL) return;
        cout <<"[" <<pNode->val <<":" <<pNode->count <<"]" <<endl;
    }
```

（2）添加 PrintTree() 函数。

函数原型:void PrintTree(const BSTree tree, int nHigh, bool bLeft)。

实现思路:

① 根据当前结点的高度,在前面输出 2 倍高度数的空格。

② 如果是左子树,则输入"L",再调用 Visit() 函数来输出结点信息。

③ 如果是右子树,则输出"R",再调用 Visit() 函数来输出结点信息。

④ 递归调用 PrintTree() 函数访问左子树和右子树。

代码实现如下:

```
    void PrintTree(const BSTree tree, int nHigh, bool bLeft)
    {
        BSTNode* pNode=tree;
        if (pNode ==NULL) { return; }
        else
        {
            for (int i=0; i<nHigh*2; i++)
                cout <<" ";
            if (nHigh >0) // 标识子结点的左右
            {
                if (bLeft) cout <<"L";
                else cout <<"R";
            }
```

```
            Visit(pNode);
        }
        PrintTree(pNode->lchild,nHigh+1, true);
        PrintTree(pNode->rchild,nHigh+1, false);
    }
```

（3）编写 Main.cpp 中的主函数。

在构建二叉排序树后,调用 PrintTree()函数,输出树。代码实现如下:

```
int main(void)
{
// 1.接收文本的输入
//……
// 2.构建二叉排序树
//……
// 3.逐个插入字符
//……
// 4.打印输出树
PrintTree(treeBST, 0);
// 5.去除树中空格结点,并打印输出树
// 6.遍历二叉排序树
// 7.销毁二叉排序树
return 0;
}
```

（4）编译运行,进行算法调试。

步骤五:删除二叉排序树的结点

1)添加 Status DeleteBST(BSTree &tree, char cKey)函数

在 BSTree.cpp 文件中添加 Status DeleteNode(BSTree &tree) 函数,在 BSTree.h 与 BSTree.cpp 文件中添加 Status DeleteBST(BSTree &tree, char cKey) 函数。实现思路:

（1）若 tree 为空,则返回 FALSE。

（2）如果当前结点的值等于 cKey,则调用 DeleteNode()函数删除当前结点。

（3）若大于 cKey,则递归调用 DeleteBST(tree->lchild, cKey),删除左子树中的对应结点。

（4）若小于 cKey,则递归调用 DeleteBST(tree->rchild, cKey),删除右子树中的对应结点。

实现代码如下:

```
Status DeleteBST(BSTree &tree, char cKey)
{
// 不存在关键字为 cKey 的元素
    ……
    else
    {
    // 关键字为 cKey 的结点,删除
        if (tree->val ==cKey)
```

```
            return DeleteNode(tree);            // 删除当前结点
        else if (tree->val>cKey)
            return DeleteBST(tree->lchild, cKey);// 删除左子树
        else
            return DeleteBST(tree->rchild, cKey);// 删除右子树
    }
  }
```

2）添加 Status DeleteNode(BSTree &tree) 函数

编写 DeleteNode( ) 函数，实现思路：

（1）若右子树为空，则直接接左子树作为当前结点返回，将当前结点删除。

（2）若左子树为空，则直接接右子树作为当前结点返回，将当前结点删除。

（3）若左、右子树均不为空：

① 将左子树最右端的结点值赋给当前删除的结点。

② 将最右端这个结点的左子树，作为其父结点的右子树。

③ 若最右端的结点没有右子树，则直接把该结点的左子树作为其父结点的左子树。

④ 把最右端的结点删除。

实现代码如下：

```
  Status DeleteNode(BSTree &tree)
  {
      ……
  // 若右子树为空，则直接接左子树
  // 若左子树为空，则直接接右子树
  // 左、右子树均不为空
      else
      {
          BSTNode* pTree=tree;
          // 找到左子树最右端的结点
          BSTNode* pNode=pTree->lchild;
          while(pNode->rchild !=NULL)
          {
              pTree=pNode;
              pNode=pNode->rchild;
          }
          // 将左子树最右端的结点值赋给当前删除的结点
          tree->val=pTree->val;
          // 判断最右端的结点是否有右子树
          if(pTree!=tree)
              pTree->rchild=pNode->lchild;
          else   // 若最右端的结点与当前结点是同一个结点，则表示无右子树
              pTree->lchild=pNode->lchild;
          // 删除最右端的结点
          free(pNode);
```

```
        }
        return TRUE;
    }
```

3）修改 main()函数

在树构造完成后,输出之前,调用删除函数,删除空格这个结点,并调用 PrintTree()再次输出二叉树。代码实现如下:

```
int main(void)
{
    // 1.接收文本的输入
    //……
    // 2.构建二叉排序树
    //……
    // 3.逐个插入字符
    //……
    // 4.打印输出树
    //……
    // 5.去除树中空格结点,并打印输出树
    DeleteBST(treeBST, ' ');
    PrintTree(treeBST, 0);
    // 6.遍历二叉排序树
    // 7.销毁二叉排序树
    return 0;
}
```

4）编译和调试运行

步骤六:遍历二叉排序树

二叉排序树的遍历有三种方式,分别是前序、中序和后序,用户可以选择使用某一种方式对二叉树的所有结点元素顺序输出。因此,在此提供了一个菜单,让用户选择遍历的方式。

1）前序遍历和输出

（1）在 BSTree.h 与 BSTree.cpp 文件中添加 void PreOrderTraverse(const BSTree tree)函数,实现前序遍历。实现思路:

① 访问当前结点。

② 递归调用 PreOrderTraverse()函数访问左子树。

③ 递归调用 PreOrderTraverse()函数访问右子树。

实现代码如下:

```
void PreOrderTraverse(const BSTree tree)
{
    BSTNode* pNode=tree;
    if(pNode ==NULL)  return;
    Visit(pNode);
    PreOrderTraverse(pNode->lchild);
    PreOrderTraverse(pNode->rchild);
}
```

（2）在主函数中调用 PreOrderTraverse()函数。

2）中序遍历和输出

（1）在 BSTree. h 与 BSTree. cpp 文件中添加 void InOrderTraverse(const BSTree tree)函数,实现中序遍历。实现思路:

① 递归调用 InOrderTraverse()函数访问左子树。

② 访问当前结点。

③ 递归调用 InOrderTraverse()函数访问右子树。

（2）在主函数中调用 InOrderTraverse()函数。

3）后序遍历和输出

（1）在 BSTree. h 与 BSTree. cpp 文件中添加 void PostOrderTraverse(const BSTree tree)函数,实现后序遍历。实现思路:

① 递归调用 PostOrderTraverse()函数访问左子树。

② 递归调用 PostOrderTraverse()函数访问右子树。

③ 访问当前结点。

（2）在主函数中调用 PostOrderTraverse()函数。

4）遍历菜单输出

（1）添加 Input. h 与 Input. cpp 文件,定义 int GetItemNum()函数。

当获得用户输入时,检查状态是否正常,nState＝cin. rdstate(),若异常,则提示用户重新输入。然后清除当前的输入流 cin. clear(),接着清除缓冲区 fflush(stdin)。实现代码如下:

```
int GetItemNum()
{
    int nNum=0;
    int nState=-1;
    while(nState)
    {
        cin >> nNum;
        nState=cin.rdstate();
        cin.clear();
        fflush(stdin);
        if (!nState)
            break;
        else
            cout <<"输入不是整数,请重输:";
    }
    return nNum;
}
```

>> 提示:

当然,这种方式并不能解决"2aaf"的情况,程序会认为输入的是 2。如果要处理这种情况,需要对用户的输入进行判断。

（2）在 Main.cpp 文件中添加 void TraverseTree(BSTree pTree)函数。

循环输出菜单,提示用户选择一种输出方式。根据用户的输入调用相应的方式对结果进行输出。代码实现如下:

```
void TraverseTree(BSTree pTree)
{
    ......
    while(nSelect !=0)
    {
        // 输出菜单选项
        cout <<"---------------------------------------- " <<" <<endl;
        cout <<"1、前序遍历输出" <<endl;
        cout <<"2、中序遍历输出" <<endl;
        cout <<"3、后序遍历输出" <<endl;
        cout <<"0、退出" <<endl;
        cout <<"---------------------------------------- " <<" <<endl;
        cout <<"请选择菜单项:";
        // 获得用户的选项
        nSelect=GetItemNum();
        switch(nSelect)
        {
        case 0:
            break;
        case 1:// 前序遍历输出
            cout <<"---------------------------------------- " <<" <<endl;
            PreOrderTraverse(pTree);
            break;
        ......
        }
    }
}
```

（3）在主函数中,调用 TraverseTree()函数。

（4）编译运行。

步骤七:接收用户输入

（1）在主函数中编写代码,将原来的输入改成用户的输入。

实现代码如下:

```
int main(void)
{
    ......
    while((ch=(char)getchar())!='\n')
    {
        *pChar=ch;
```

```
                pChar++;
            }
        ......
        }
```

（2）编译运行。

步骤八：扩展功能

通过运行程序会发现，由于起始输入的字符不同，生成的二叉排序树的根结点也会不同，例如，起始输入的是 A，可能会造成整个二叉排序树大部分的元素都在右子树上。这样就造成树的不平衡，在查询时也会增加查询的深度。因此，可以使用平衡二叉排序树来进行优化。

7　实验报告要求

实验结束后，学生应提交实验报告。实验报告统一使用"武汉科技大学实验报告册"，并按要求在报告册封面上书写教学班级、姓名及学号。实验报告具体要求如下：

一、实验标题（手写）

标题居中书写，并注明第几个实验。

例：实验一　线性表（一元多项式相加）

二、实验目的（手写）

例：掌握线性表的链式存储结构及基本操作，并能实践应用等。

三、实验环境（手写）

本次实验在什么硬件环境下和什么软件环境下运行。

例：硬件：IntelCore(TM)i5-6500 CPU3.20GHz,8GB 内存。

软件：Windows 7 64 位、Microsoft Visual Studio 2010。

四、实验内容（手写）

本次实验要进行什么操作。

例：分别输入 2 个一元多项式 ha 和 hb，将一元多项式 hb 和 ha 相加，相加后的一元多项式按幂指数递增排序，原 ha 和 hb 不被破坏。

五、实验程序（手写或打印）

1）程序源代码（手写或打印）

需要详细注释。

2）实验运行结果截图（打印）

将程序的最终运行结果截图（Alt＋PrtScrn），打印，粘贴到实验报告册上。

截图请使用白纸黑字打印。

六、实验小结（手写）

本次实验复习并应用了教材上的哪一部分的理论知识等。

第二部分 习 题

1 绪 论

一、单项选择题

1. 数据结构是一门研究非数值计算的程序设计问题中计算机的操作对象以及它们之间的(　　)和运算的科学。

A. 约束　　　　　　　B. 算法　　　　　　　C. 关系　　　　　　　D. 操作

2. 数据结构研究的内容不包括(　　)。

A. 逻辑结构　　　　　　　　　　B. 存储结构

C. 操作和运算　　　　　　　　　D. 有穷性和健壮性

3. 以下属于逻辑结构的是(　　)。

A. 顺序表　　　　　　B. 哈希表　　　　　　C. 有序表　　　　　　D. 单链表

4. 以下与数据的存储结构无关的术语是(　　)。

A. 循环队列　　　　　B. 链表　　　　　　　C. 哈希表　　　　　　D. 栈

5. 以下哪一种术语与数据的存储结构有关(　　)。

A. 栈　　　　　　　　B. 队列　　　　　　　C. 散列表　　　　　　D. 线性表

6. 以下哪种结构是逻辑结构,而与存储和运算无关(　　)。

A. 顺序表　　　　　　B. 散列表　　　　　　C. 线性表　　　　　　D. 单链表

7. 下列与数据元素有关的叙述中,哪一个是不正确的(　　)。

A. 数据元素是数据的基本单位,即数据集合中的个体

B. 数据元素是有独立含义的数据最小单位

C. 数据元素又称结点

D. 数据元素又称作记录

8. 以下说法正确的是(　　)。

A. 数据元素是数据的最小单位

B. 数据项是数据的基本单位

C. 数据结构是带有结构的各数据项的集合

D. 一些表面上很不相同的数据可以有相同的逻辑结构

9. 下列关于数据的逻辑结构的叙述中,哪一个是正确的(　　)。

A. 数据的逻辑结构是数据间关系的描述

B. 数据的逻辑结构反映了数据在计算机中的存储方式

C.数据的逻辑结构分为顺序结构和链式结构

D.数据的逻辑结构分为静态结构和动态结构

10.线性表采用链式存储结构时,要求内存中可用存储单元的地址（   ）。

    A.必须是连续的   B.部分地址必须是连续的

    C.一定是不连续的   D.连续不连续都可以

11.以下关于链式存储结构的叙述中哪一条是不正确的（   ）。

    A.结点除自身信息外还包括指针域,因此存储密度小于顺序存储结构

    B.逻辑上相邻的结点物理上不必邻接

    C.可以通过计算直接确定第 i 个结点的存储地址

    D.插入、删除运算操作方便,不必移动结点

12.以下关于顺序存储结构的叙述中哪一条是不正确的（   ）。

    A.存储密度大

    B.逻辑上相邻的结点物理上不必邻接

    C.可以通过计算直接确定第 i 个结点的存储地址

    D.插入、删除运算操作不方便

13.线性结构的顺序存储结构是一种（   ）的存储结构。

    A.随机存取   B.顺序存取   C.索引存取   D.散列存取

14.线性表的链式存储结构是一种（   ）的存储结构。

    A.随机存取   B.顺序存取   C.索引存取   D.散列存取

15.计算机算法指的是（   ）。

    A.计算方法   B.排序方法

    C.解决问题的有限运算序列   D.调度方法

16.计算机算法必须具备输入、输出和（   ）等 5 个特性。

    A.可行性、可移植性和可扩充性   B.可行性、确定性和有穷性

    C.确定性、有穷性和稳定性   D.易读性、稳定性和安全性

17.算法分析的主要内容是（   ）。

    A.正确性   B.可读性和稳定性

    C.简单性   D.空间复杂性和时间复杂性

18.算法分析的目的是（   ）。

    A.找出数据结构的合理性   B.研究算法中的输入和输出的关系

    C.分析算法的效率以求改进   D.分析算法的易懂性和文档性

19.关于算法的时间复杂度,下列说法错误的是（   ）。

    A.算法中语句执行的最大次数作为算法的时间复杂度

    B.一个算法的执行时间等于其所有语句执行时间的量度

    C.任一语句的执行时间为该语句执行一次所需的时间与执行次数的乘积

    D.一般认为,随问题规模 n 的增大,算法执行时间的增长速度较快的算法最优

20.算法时间复杂度 $T(n)$ 按数量级大小顺序正确的为（   ）。

    A. $O(n \log n) > O(\log n)$ B. $O(n^2) < O(n \log n)$

C. $O(\log n) > O(n)$ D. $O(2^n) < O(n^2)$

21.下列各式中,按增长率由小至大的顺序正确排列的是(　　　)。

A. $\sqrt{n}$, $n!$, 2^n, $n^{3/2}$ B. $n^{3/2}$, 2^n, $n^{\log n}$, 2^{100}

C. 2^n, $\log n$, $n^{\log n}$, $n^{3/2}$ D. 2^{100}, $\log n$, 2^n, n^n

二、填空题

1.数据结构是一门研究非数值计算的程序设计问题中计算机的(　　　)以及它们之间的(　　　)和(　　　)等的学科。

2.数据结构的形式定义为:数据结构是一个二元组 Data_Structure＝(D,S)其中:D 是(　　　)的有限集,S 是 D 上(　　　)的有限集。

3.数据结构包括数据的(　　　)、数据的(　　　)和数据的(　　　)这三个方面的内容。

4.数据结构按逻辑结构可分为两大类,它们分别是(　　　)和(　　　)。

5.数据的逻辑结构包括集合、(　　　)、(　　　)和(　　　)四种类型,树形结构和图形结构合称为(　　　)。

6.数据的存储结构包括(　　　)和(　　　)两种类型。

7.线性结构中元素之间存在(　　　)关系,树形结构中元素之间存在(　　　)关系,图形结构中元素之间存在(　　　)关系。

8.数据的基本单位是(　　　),在计算机中通常作为一个(　　　)来进行处理。

9.数据的最小单位是(　　　)。

10.在线性结构中,第一个结点(　　　)前驱结点,其余每个结点有且只有(　　　)个前驱结点;最后一个结点(　　　)后继结点,其余每个结点有且只有(　　　)个后继结点。

11.在树形结构中,树根结点没有(　　　)结点,其余每个结点有且只有(　　　)个前驱结点;叶子结点没有(　　　)结点,其余每个结点的后继结点数可以(　　　)。

12.在图形结构中,每个结点的前驱结点数和后继结点数可以(　　　)。

13.数据的运算最常用的有 5 种,它们分别是(　　　)、(　　　)、(　　　)、(　　　)、(　　　)。

14.算法效率的度量主要采用(　　　)和(　　　)来衡量。

15.算法的时间复杂度取决于问题的(　　　)和待处理数据的初态。

16.语句＋＋x 的频度为(　　　)。

```
for(i=2;i<=n;++i)
    for(j=2;j<=i-1;++j)
        {++x;a[i][j]=x;}
```

17.分析下面程序段的时间复杂度

```
i=s=0;
while(i<n)
{i++;s+=i;}
T(n)=(     )
```

_____

```
i=1;j=0;
while(i+j<=n)
```

```
{
    if(i>j) j++;
    else i++;
}
T(n)=(    )
```

```
i=0;k=0;
do{
    k=k+10*i;  i++;
} while(i<n);
T(n)=(    )
```

```
x=90; y=100;
while(y>0)
    if(x>100) { x=x-10;  y--; }
    else x++;
T(n)= (    )
```

```
s=0;
for(i=0; i<n; i++)
  for( j=0; j<n; j++)
    s+ =B[i][j];
T(n)=(    )
```

```
for (i=0; i<n; i++)
  for (j=0; j<i; j++)
    a[i][j]=0;
T(n)=(    )
```

```
for(i=0;i<n ; i++)
  for(j=0;j<m ; j++)
    A[i][j]=0;
T(n)=(    )
```

```
for(i=0;i<10 ; i++)
  for(j=0;j<10 ; j++)
    A[i][j]=0;
T(n)=(    )
```

```
i=1;
while(i<=n)
```

```
    i=i*2;
T(n)=(    )
```

```
int count =1;
while(count <n){
    count=count*3;
}
T(n)=(    )
```

```
y=1;
while(y*y<=n)
y++;
T(n)=(    )
```

```
x=0;
for(i=1; i<n; i++)
  for(j=1; j<=n-i; j++)
    x++;
T(n)=(    )
```

```
x=n; y=0; //n>1
while( x>=(y+1)*(y+1) )
  y++;
T(n)=(    )
```

```
i=2;
while((n%i)!=0 && i*1.0<sqrt(n)) i++;
T(n)=(    )
```

```
fact( int n)
{
    if( n<=1 ) return( 1 );
    else  return( n*fact( n-1 ));
}
    T(n)=(    )
```

2 线 性 表

一、单项选择题

1.线性表是具有 n(n≥0)个(   )的有限序列。

A.表元素   B.字符   C.数据元素   D.数据项

2.最常用的操作是取第 i 个元素和找第 i 个元素的前驱,则线性表采用(   )存储方式最节省时间。

    A. 顺序表   B. 单链表   C. 双链表   D. 单循环链表

    3. 若某线性表最常用的操作是存取任一指定序号的元素和在最后进行插入和删除运算，则利用（   ）存储方式最节省时间。

    A. 顺序表   B. 双链表

    C. 带头结点的双循环链表   D. 单循环链表

    4. 用数组表示线性表的优点是（   ）。

    A. 便于插入和删除操作   B. 便于随机存取

    C. 可以动态地分配存储空间   D. 不需要占用一片相邻的存储空间

    5. 已知顺序表第一个元素的存储地址是 100，每个元素的长度为 2，则第 5 个元素的地址是（   ）。

    A. 110   B. 108   C. 100   D. 120

    6. 下列对线性表描述正确的是（   ）。

    A. 当线性表的长度变化较大，难以估计其存储规模时，宜采用顺序表结构

    B. 当线性表的长度变化不大，易于事先确定其大小时，宜采用链表结构

    C. 线性表的主要操作是查找，很少涉及插入、删除时，宜采用链表结构

    D. 线性表的主要操作是插入和删除，宜采用链表结构

    7. 下面关于线性表的叙述错误的是（   ）。

    A. 线性表采用顺序存储，必须占用一片连续的存储单元

    B. 线性表采用顺序存储，便于进行插入和删除操作

    C. 线性表采用链接存储，不必占用一片连续的存储单元

    D. 线性表采用链接存储，便于插入和删除操作

    8. 下列描述线性表的叙述错误的是（   ）。

    A. 线性表的顺序存储的元素是从小到大顺序排列的

    B. 线性表的链接存储，便于插入、删除操作

    C. 除第一个和最后一个元素外，其余每个元素有且仅有一个直接前驱和直接后继

    D. 线性表可以为空

    9. 下面的叙述中正确的是（   ）。

    A. 线性表在链式存储时，查找第 i 个元素的时间与 i 的数值成正比

    B. 线性表在链式存储时，插入第 i 个元素的时间与 i 的数值成反比

    C. 线性表在链式存储时，插入第 i 个元素的时间与 i 的数值无关

    D. 线性表在顺序存储时，查找第 i 个元素的时间与 i 的数值成正比

    10. 以下说法错误的是（   ）。

    A. 求表长、定位这两种运算在采用顺序存储结构时实现的效率不比采用链式存储结构时实现的效率低

    B. 顺序存储的线性表可以随机存取

    C. 由于顺序存储要求连续的存储区域，所以在存储管理上不够灵活

    D. 线性表的链式存储结构优于顺序存储结构

11.在 n 个结点的顺序表中,算法的时间复杂度是 O(1) 的操作是(　　)。

A.访问第 i(1≤i≤n)个结点和求第 i(2≤i≤n)个结点的直接前驱

B.在第 i(1≤i≤n)个结点后插入一个新结点

C.删除第 i(1≤i≤n)个结点

D.将 n 个结点从小到大排序

12.链表适用于(　　)查找。

A.顺序　　　　　　　　　　　　　　B.二分法

C.顺序,也能二分法　　　　　　　　　D.随机

13.用链表表示线性表的优点是(　　)。

A.便于随机存取　　　　　　　　　　B.花费的存储空间比顺序表少

C.便于插入与删除　　　　　　　　　D.数据元素的物理顺序与逻辑顺序相同

14.链表不具有的特点是(　　)。

A.插入、删除不需要移动元素　　　　B.可随机访问任一元素

C.不必事先估计存储空间　　　　　　D.所需空间与线性长度成正比

15.对线性表,在下列情况(　　)下应当采用链表表示。

A.经常需要随机地存取元素

B.经常需要进行插入和删除操作

C.表中元素需要占据一片连续的存储空间

D.表中元素的个数不变

16.线性表 L 在(　　)情况下适用于使用链式结构实现。

A.需不断删除和插入　　　　　　　　B.需经常修改结点值

C.含有大量的结点　　　　　　　　　D.结点结构复杂

17.在一个长度为 n 的顺序表的表尾插入一个新元素的渐进时间复杂度为(　　)。

A.O(n)　　　　　B.O(1)　　　　　C.O(n²)　　　　　D.O(log₂n)

18.在一个具有 n 个结点的有序单链表中插入一个新结点并仍然保持有序的时间复杂度是(　　)。

A.O(1)　　　　　B.O(n)　　　　　C.O(n²)　　　　　D.O(nlog₂n)

19.向一个有 127 个元素的顺序表中插入一个新元素并保持原来顺序不变,平均要移动(　　)个元素。

A.64　　　　　　B.63　　　　　　C.63.5　　　　　　D.7

20.可以用带表头结点的链表表示线性表,也可以用不带表头结点的链表表示线性表,前者最主要的好处是(　　)。

A.可以加快对表的遍历　　　　　　　B.使空表和非空表的处理统一

C.节省存储空间　　　　　　　　　　D.可以提高存取表元素的速度

21.在单链表中,增加头结点的目的是(　　)。

A.使单链表至少有一个结点　　　　　B.代表开始结点

C.方便运算的实现　　　　　　　　　D.为了存储其他信息

22.设一个链表最常用的操作是在末尾插入结点和删除尾结点,则选用(　　)最节省

时间。

    A. 单链表   B. 单循环链表

    C. 带尾指针的单循环链表   D. 带头结点的双循环链表

23. 某线性表最常用的操作是在最后一个结点之后插入一个结点或删除第一个结点,故采用(   )存储方式最节省运算时间。

    A. 单链表   B. 仅有头结点的单循环链表

    C. 双链表   D. 仅有尾指针的单循环链表

24. 在长度为 n 的(   )上,删除第一个结点,其算法的时间复杂度为 O(n)。

    A. 只有表头指针的不带表头结点的单循环链表

    B. 只有表尾指针的不带表头结点的单循环链表

    C. 只有表尾指针的带表头结点的单循环链表

    D. 只有表头指针的带表头结点的单循环链表

25. 如果对线性表的常用运算有 4 种,即删除第一个元素、删除最后一个元素、在第一个元素前插入新元素、在最后一个元素后插入新元素,则最好使用(   )。

    A. 只有表尾指针没有表头指针的单循环链表

    B. 只有表尾指针没有表头指针的非循环单链表

    C. 只有表头指针没有表尾指针的双循环链表

    D. 既有表头指针也有表尾指针的单循环链表

26. 在一个长度为 n(n＞1)的单链表上,设有头和尾两个指针,执行(   )操作与链表的长度有关。

    A. 删除单链表中的第一个元素

    B. 删除单链表中的最后一个元素

    C. 在单链表第一个元素前插入一个新元素

    D. 在单链表最后一个元素后插入一个新元素

27. 在带有头结点的单链表 HL 中,要向表头插入一个由指针 p 指向的结点,则执行(   )。

A. p－＞next＝HL;HL＝p;

B. p－＞next＝HL－＞next;HL－＞next＝p;

C. p－＞next＝HL;p＝HL;

D. HL＝p;p－＞next＝HL;

28. 在单链表中,已知指针 q 所指结点是指针 p 所指结点的直接前驱,若在 ∗q 与 ∗p 之间插入结点 ∗s,则应执行下列(   )个操作。

A. s－＞next＝p－＞next;p－＞next＝s;

B. q－＞next＝s;s－＞next＝p;

C. p－＞next＝s－＞next;s－＞next＝p;

D. p－＞next＝s;s－＞next＝q;

29. 在一个单链表中,若删除 p 指针所指结点的后继结点,则执行(   )。

A. p－＞next＝p－＞next－＞next;

B. p＝p－＞next; p－＞next＝p－＞next－＞next;

C. p—>next＝p—>next;

D. p ＝p—>next—>next;

30. 与单链表相比,双链表的优点之一是(　　)。

A. 插入、删除操作更简单

B. 可以进行随机访问

C. 可以省略表头指针或表尾指针

D. 顺序访问相邻结点更灵活

31. 指针 p1 和 p2 分别指向两个无头结点的非空单循环链表中的尾结点,要将两个链表链接成一个新的单循环链表,应执行的操作为(　　)。

A. p1—>next＝p2—>next;p2—>next＝p1—>next;

B. p2—>next＝p1—>next;p1—>next＝p2—>next;

C. p＝p2—>next; p1—>next＝p;p2—>next＝p1—>next;

D. p＝p1—>next; p1—>next＝p2—>next;p2—>next＝p;

32. 在双向链表指针 p 的结点前插入一个指针 q 的结点操作是(　　)。

A. p—>prior＝q;q—>next＝p;p—>prior—>next＝q;q—>prior＝q;

B. p—>prior＝q;p—>prior—>next＝q;q—>next＝p;q—>prior＝p—>prior;

C. q—>next＝p;q—>prior＝p—>prior;p—>prior—>next＝q;p—>prior＝q;

D. q—>prior＝p—>prior;q—>next＝q;p—>prior＝q;p—>prior＝q;

33. 在双向循环链表结点 *p 之后插入结点 *s 的操作是(　　)。

A. p—>next＝s;s—>prior＝p;p—>next—>prior＝s;s—>next＝p—>next;

B. p—>next＝s;p—>next—>prior＝s;s—>prior＝p;s—>next＝p—>next;

C. s—>prior＝p;s—>next＝p—>next;p—>next＝s;p—>next—>prior＝s;

D. s—>prior＝p;s—>next＝p—>next;p—>next—>prior＝s;p—>next＝s;

34. 在双向链表存储结构中,删除 p 所指的结点时须修改指针(　　)。

A. p—>next—>prior＝p—>prior; p—>prior—>next＝p—>next;

B. p—>next＝p—>next—>next; p—>next—>prior＝p;

C. p—>prior—>next＝p; p—>prior＝p—>prior—>prior;

D. p—>prior＝p—>next—>next; p—>next＝p—>prior—>prior;

35. 在一个双链表中,删除 *p 结点之后的一个结点的操作是(　　)。

A. p—>next＝p—>next—>next;p—>next—>next—>prior＝p;

B. p—>next—>prior＝p;p—>next＝p—>next—>next;

C. p—>next—>next＝p—>next;p—>next—>next—>prior＝p;

D. p—>next—>next＝p—>next;p—>next—>prior＝p;

36. 设 rear 是指向非空带头结点的单循环链表的尾指针,则删除表首结点的操作可表示为(　　)。

A. p＝rear;
　rear ＝rear—>next;
　free(p);

B. rear＝rear—>next
　free(rear);

C. rear＝rear—＞next—＞next;   D. p＝rear—＞next—＞next;
　　free(rear);   rear—＞next—＞next＝p—＞next;
                                                 free(p);

37.将两个各有 n 个元素的有序表归并成一个有序表,其最少的比较次数是(　　　)。
A. n   B.2n－1   C.2n   D.n－1

二、填空题

1.顺序表中逻辑上相邻的元素物理位置(　　　)相邻,单链表中逻辑上相邻的元素物理位置(　　　)相邻。

2.对一个线性表经常进行的是存取操作,很少进行插入和删除操作时,则采用(　　　)存储结构为宜;当经常进行的是插入和删除操作时,则采用(　　　)存储结构为宜。

3.在长度为 n 的顺序表中第 i(1＜＝i＜＝n＋1)个位置上插入一个数据元素,要移动表中(　　　)个元素。

4.在长度为 n 的顺序表中删除第 i(1＜＝i＜＝n)个数据元素,要移动表中(　　　)个元素。

5.对于一个长度为 n 的顺序存储的线性表,在表头插入元素的时间复杂度为(　　　),在表尾插入元素的时间复杂度为(　　　)。

6.对于一个长度为 n 的单链表,在表头插入结点的时间复杂度为(　　　),在表尾插入结点的时间复杂度为(　　　)。

7.线性表 L＝(a_1,a_2,$\cdots$,a_n)的存储结构为顺序表,则等概率情况下插入一个元素平均移动(　　　)个元素,等概率情况下删除一个元素平均移动(　　　)个元素。

8.从一个具有 n 个结点的单链表中查找其值等于 x 结点时,在查找成功的情况下,需平均比较(　　　)个结点。

9.在单链表中,要删除某一指定的结点,必须找到该结点的(　　　)结点。

10.判断一个带有头结点的单链表 L 是否为空的 C 语句是(　　　)。

11.对于一个具有 n 个结点的单链表,在已知的结点 *p 后插入一个新结点的时间复杂度为(　　　),在给定值为 x 的结点后插入一个新结点的时间复杂度为(　　　)。

12.在带尾指针的单循环链表的表尾插入一个新结点的时间复杂度为(　　　),删除表尾结点的时间复杂度为(　　　)。

13.已知单链表 A 长度为 m,单链表 B 长度为 n,若将 B 连接在 A 的末尾,在没有链尾指针的情形下,算法的时间复杂度应为(　　　)。

14.在单向链表 P 指针所指结点之后插入 s 指针所指结点的操作是(　　　)。

15.在无表头结点的单链表 L 的表头插入 s 结点的语句序列是(　　　)。

16.对于双向链表,在两个结点之间插入一个新结点需修改的指针共(　　　)个。

17.在非空双向循环链表中,在结点 q 的前面插入结点 p 的过程如下:

```
p->prior=q->prior;
q->prior->next=p;
p->next=q;
(         );
```

18. 对链表设置头结点的作用是(　　　)。

三、算法设计题

1. 已知一个顺序表 L,其中的元素按值递减有序排列,编写一个算法在 L 中插入一个元素 x 使得该线性表仍保持递减有序排列。

```
typedef struct
{
    ElemType* elem; // 存储空间基址
    int length; // 当前长度
    int listsize; // 当前分配的存储容量(以 sizeof(ElemType)为单位)
}SqList;
void Fun1(SqList &L,ElemType x)
{……}
```

2. 已知一个具有 n 个数据元素的线性表 L 采用顺序存储结构,请写出一算法,删去线性表中所有值为 x 的元素。

```
void Fun2(SqList &L,ElemType x)
{……}
```

3. 编写一算法从给定的顺序表 L 中删除元素值在 x 到 y(x≤y)之间的所有元素,要求其算法时间复杂度为 O(n)。

```
void Fun3(SqList &L,ElemType x,ElemType y)
{……}
```

4. 在一个递增有序的顺序表 L 中,有数值相同的元素存在。设计算法来删除值相同的元素,例如:(7,10,10,21,30,42,42,42,51,70)将变作(7,10,21,30,42,51,70)。

```
void Fun4(SqList &L)
{……}
```

5. 已知 A、B、C 是三个顺序表且其元素按递增顺序排列,每个表中元素均无重复。在表 A 中删去既在表 B 中出现又在表 C 中出现的元素。试设计实现上述删除操作的算法 Delete。

```
void Delete(SqList &A,SqList B,SqList C)
{……}
```

6. 已知线性表($a_1,a_2,a_3,\cdots,a_n$)按顺序存于内存,每个元素都是整数,试设计用最少时间把所有值为负数的元素移到全部正数值(假设 0 为正数)元素前边的算法。例如,(x,-x,-x,x,x,-x\cdots x)变为(-x,-x,-x\cdots x,x,x)。

```
void Fun6(SqList &L)
{……}
```

7. 用一维数组 A 和 B 表示的两个线性表,元素的数目分别为 m 和 n,若表中数据都是由小到大顺序排列的。如果数组 B 有 m+n 个单元,设计算法将线性表 A 和 B 合并的结果放到 B 中。

```
void Merge(SqList A,SqList &B)
{……}
```

8.将一个带头结点的单链表 L 就地逆置。

```
typedef struct LNode
{
    ElemType data;
    struct LNode*next;
}LNode,*LinkList;
void InvertLinkList(LinkList &L)
{……}
```

9.有一带头结点的单链表，head 为单链表的头指针，试编写一算法删除数据域为 x 的结点。

```
void Fun9(LinkList &head,ElemType x) //带头结点
{……}
```

10.设有单链表头指针为 head，试编写一个从中删除自第 i 个元素起的共 len 个元素的算法。

```
void Fun10(LinkList &head,int i,int len)//带头结点
{……}
```

11.已知线性表元素递增有序，并以带头结点的单链表作存储结构，设计一个高效算法，删除表 L 中所有值大于 mink 且小于 maxk 的元素（若表中存在这样的元素）。

```
void Fun11(LinkList &L,ElemType mink,ElemType maxk)
{……}
```

12.试编写在带头结点的单链表中删除（一个）最小值结点的（高效）算法。

```
void Fun12(LinkList &head)//带头结点
{……}
```

13.写算法将非空单链表 L 中值重复的结点删除，使所得的结果表中各结点值均不相同。

```
void Fun13(LinkList &head)//带头结点
{……}
```

14.已知头指针分别为 La 和 Lb 的带头结点的 2 个单链表，结点按元素值递增有序排列。写出将 La 和 Lb 两链表归并成单链表 Lc，结点元素值按递增有序排列，并去掉重复的数据元素，如图 2-1 所示。

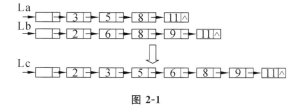

图 2-1

```
void MergeList(LinkList La,LinkList &Lb,LinkList &Lc)
{……}
```

15.假设有两个按元素值递增次序排列的线性表，均以单链表形式存储。请编写算法将这两个单链表归并为一个按元素值递减次序排列的单链表，并要求利用原来两个单链表的

结点存放归并后的单链表。

```
void MergeList(LinkList La,LinkList &Lb,LinkList &Lc)
{……}
```

16. 设有一个由正整数序列组成的有序单链表（按递减次序有序，且允许有相等的整数存在），试编写能实现下列功能的算法：（要求用最少的时间和最小的空间）

（1）确定在序列中比正整数 x 大的数有几个（相同的数只计算一次，如序列{20,20,17,16,15,15,11,10,8,7,7,5,4}中比 10 大的数有 5 个）；

（2）在单链表中将比正整数 x 小的数按递增次序排列；

（3）将正整数比 x 大的偶数从单链表中删除。

```
int Fun161(LinkList &head,int x) //带头结点
{……}
void Fun162(LinkList &head,int x)//带头结点
{……}
void Fun163(LinkList &head,int x)//带头结点
{……}
```

17. 已知一个单链表 L 中依次存放着($a_1,a_2,\cdots,a_m,b_1,b_2,\cdots,b_n$)，试编写一个算法将线性表 L 中的前 m 个元素换到后面，使得线性表 L 变为($b_1,b_2,\cdots,b_n,a_1,a_2,\cdots,a_m$)。

```
void Fun17(LinkList &L,int m)//带头结点的单链表
{……}
```

18. 设 X 和 Y 是两个单链表表示的两个串，每个结点只存一个字符。试写出算法，找出 X 中第一个不在 Y 中出现的字符。

```
char Fun18(LinkList X,LinkList Y)//带头结点
{……}
```

19. 两个字符串 A＝$a_1,a_2,a_3,\cdots,a_m$ 和 B＝$b_1,b_2,b_3,\cdots,b_n$ 已经存入两个单链表中，每个结点只存一个字符。设计一个算法，判断 B 是否是 A 的子串。

```
bool Fun19(LinkList &A,LinkList &B)//带头结点
{……}
```

20. 设 L 为单链表的头结点地址，其数据结点的数据都是正整数且无相同的，试设计利用直接插入的原则把该链表整理成数据递增的有序单链表的算法。

【算法分析】 本题明确指出单链表带头结点，其结点数据是正整数且不相同，要求利用直接插入原则把链表整理成递增有序链表。这就要求从第二结点开始，将各结点依次插入有序链表中。

```
void InsertSort(LinkList la)
{……}
```

21. 已知两个链表 La 和 Lb 分别表示两个集合，其元素递增排列。请设计算法求出 La 与 Lb 的交集，并存放于 La 链表中。

```
void Mix(LinkList &La, LinkList Lb )
{……}
```

22. 已知两个链表 A 和 B 分别表示两个集合，其元素递增排列。请设计算法求出两个

集合 A 和 B 的差集（即仅由在 A 中出现而不在 B 中出现的元素所构成的集合），并以同样的形式存储。

```
void Difference(LinkList &A,LinkList B)
{……}
```

23.试写一算法，判断带头结点的双向循环链表 L 是否对称相等。

```
typedef struct DuLNode
{
    ElemType data;
    struct DuLNode*prior,*next;
}DuLNode,*DuLinkList;
bool Fun23(DuLinkList L)
{……}
```

24.有一带头结点的双向有序（非递减）链表，其头指针为 head。给定值 key，编写一函数，在该双向有序链表中查找是否有数据域的值与给定值 key 相同的结点，如果没有，将该结点插入该双向有序链表合适的位置。

```
void find_insert(DuLinkList &head,ElemType key)
{……}
```

25.设有一个双向循环链表，每个结点中除有 prior,data 和 next 三个域外，还增设了一个访问频度域 freq。在链表被起用之前，频度域 freq 的值均初始化为零，而每当对链表进行一次 Locate(L,X)的操作后，被访问的结点（元素值等于 X 的结点）中的频度域 freq 的值便增1，同时调整链表中结点之间的次序，使其按访问频度非递增的次序顺序排列，以便始终保持被频繁访问的结点总是靠近表头结点。试编写符合上述要求的 Locate 操作的算法。

```
void Locate_DuList(DuLinkList &L, ElemType x)
{……}
```

3　栈　和　队　列

一、单项选择题

1.如果进栈序列为 e1,e2,e3,e4,则可能的出栈序列是（　　）。

A.e3,e1,e4,e2　　　　B.e2,e4,e1,e3　　　　C.e1,e3,e2,e4　　　　D.e3,e4,e1,e2

2.若一个栈的入栈序列是 a b c d e,则栈不可能的输出序列是（　　）。

A.e d c b a　　　　B.d e c b a　　　　C.d c e a b　　　　D.a b c d e

3.设初始输入序列为 1,2,3,4,5,利用一个栈产生输出序列,下列（　　）序列是不可能通过栈产生的。

A.1,2,3,4,5　　　B.5,3,4,1,2　　　C.4,3,2,1,5　　　　D.3,4,5,2,1

4.若让元素 1,2,3,4,5 依次进栈,则出栈次序不可能出现在（　　）种情况。

A.5,4,3,2,1　　　B.2,1,5,4,3　　　C.4,3,1,2,5　　　　D.2,3,5,4,1

5.设有 6 个元素按 1、2、3、4、5、6 的顺序进栈,下列不合法的出栈序列是（　　）。

A.2、3、4、1、6、5　　B.3、2、4、6、5、1　　C.4、3、1、2、5、6　　D.5、4、6、3、2、1

6.栈 S 最多能容纳 4 个元素。现有 6 个元素按 A、B、C、D、E、F 的顺序进栈,下列哪一个序列是不可能的出栈序列(　　)。

A. A、F、E、D、C、B　　　B. A、D、E、C、B、F　　　C. C、B、E、D、A、F　　　D. C、D、B、F、E、A

7. 设栈 S 的初始状态为空,队列 Q 的状态为:bcade(从队头到队尾)。逐个删除队中的元素并依次入栈,若出栈的顺序是 acedb,在上述操作过程中,栈中最多有多少个元素(　　)。

A. 4　　　　　　　　B. 3　　　　　　　　C. 2　　　　　　　　D. 1

8. 设栈 S 和队列 Q 的初始状态为空,元素 e1、e2、e3、e4、e5 和 e6 依次通过栈 S,一个元素出栈后即进入队列 Q,若 6 个元素出队的顺序是 e2、e4、e3、e6、e5、e1,则栈 S 的容量至少应为(　　)。

A. 2　　　　　　　　B. 3　　　　　　　　C. 4　　　　　　　　D. 6

9. 已知一个栈的输入序列为 $1, 2, 3 \cdots, n$,其输出的序列为 $P_1, P_2, \cdots, P_n$,若 $P_1 = n$,则 P_i 为(　　)。

A. i　　　　　　　　B. n=1　　　　　　　　C. n=i+1　　　　　　　　D. 不确定

10. 栈和队列的共同点是(　　)。

A. 都是先进先出　　　　　　　　　　B. 都是先进后出

C. 只允许在端点处插入和删除元素　　　　　　D. 没有共同点

11. 以下哪一个不是栈的基本运算(　　)。

A. 删除栈顶元素　　　　　　　　　　B. 删除栈底元素

C. 判断栈是否为空　　　　　　　　　　D. 将栈置为空栈

12. 当顺序栈 ST(最多元素为 MaxSize)为空时,其栈顶指针 top 的值为 -1,那么判断栈 ST 栈满的条件是(　　)。

A. ST. top! $=-1$　　　　　　　　　　B. ST. top $==-1$

C. ST. top! $=$ MaxSize-1　　　　　　　　D. ST. top $==$ MaxSize-1

13. 有 n 个单元的顺序栈,若以地址高端为栈底,以 top 为栈顶指针,则当进栈时,top 的变化为(　　)。

A. top 不变　　　　B. top=0　　　　C. top$--$　　　　D. top$++$

14. 顺序栈 SqStack 中,删除栈顶元素(出栈)操作的代码为:

```
Status Pop(SqStack &s, SElemType &e)  {
        if(s.top==s.base) return(ERROR);
        (    )
        return OK;
    } // Pop;
```

A. e= * $--$s. top;　　　　　　　　　　B. e= * s. top;

C. e= * $++$s. top;　　　　　　　　　　D. e= * s. top$++$;

15. 链式栈与顺序栈相比,一个比较明显的优点是(　　)。

A. 插入操作更加方便　　　　　　　　　　B. 通常不会出现栈满的情况

C. 不会出现栈空的情况　　　　　　　　　　D. 删除操作更加方便

16. 向一个栈顶指针为 HS 的链栈中插入一个 s 所指的结点,则执行(　　)。

A. HS->next=s; B. s->next=HS->next;HS->next=s;

C. s->next=HS;HS=s; D. s->next=HS;HS=HS->next;

17. 在一个链队中,front 和 rear 分别为队首指针和队尾指针,则删除一个结点的操作为（   ）。

A. rear=front->next; B. rear=rear->next;

C. front=front->next; D. front=rear->next;

18. 循环队列用数组 A[0…m-1]存放其元素值,已知其头尾指针分别是 front 和 rear,则当前队列中的元素个数是（   ）。

A. (rear-front+m)%m B. (rear-front+1)%m

C. (rear-front-1+m)%m D. (rear-front)%m

19. 数组 A[1,n]表示一个环形队列,队首指针和队尾指针分别为 f 和 r,假定队列中至多只有 n-1 个元素,则计算队列中元素个数的公式为（   ）。

A. $\begin{cases} r-f & r \geq f \\ r-f+n-1 & r < f \end{cases}$ B. $\begin{cases} f-r & f \geq r \\ r+n-1 & f < r \end{cases}$

C. $\begin{cases} f-r & f \geq r \\ f-r+n & f < r \end{cases}$ D. $\begin{cases} r-f & r \geq f \\ r-f+n & r < f \end{cases}$

20. 循环队列存储在数组 A[0…m]中,则入队时的操作为（   ）。

A. rear=rear+1 B. rear=(rear+1) mod (m-1)

C. rear=(rear+1) mod m D. rear=(rear+1) mod (m+1)

21. 将数组 data[0…m]作为循环队列 SQ 的存储空间,front 为队头指针,rear 为队尾指针,则执行出队操作的语句为（   ）。

A. front=front+1 B. front=(front+1) mod m

C. rear=(rear+1) mod m D. front=(front+1) mod (m+1)

22. 在具有 n 个单元的顺序存储的循环队列中,假定 front 和 rear 分别为队头指针和队尾指针,则判断队满的条件为（   ）。

A. front%(n-1)=rear B. front%(n+1)=rear

C. rear%(n-1)=front D. (rear+1)%n=front

23. 最大容量为 n 的循环队列,队尾指针是 rear,队头是 front,则队空的条件是（   ）。

A. (rear+1)%n==front B. rear==front

C. rear+1==front D. (rear-1)%n==front

24. 若用一个大小为 6 的数组来实现循环队列,且当前 rear 和 front 的值分别为 0 和 3。当从队列中删除一个元素,再加入两个元素后,rear 和 front 的值分别为（   ）。

A. 1 和 5 B. 2 和 4 C. 4 和 2 D. 5 和 1

25. 以数组 Q[0…m-1]存放循环队列中的元素,变量 rear 和 qulen 分别指示循环队列中队尾元素的实际位置和当前队列中元素的个数,队列第一个元素的实际位置是（   ）。

A. rear-qulen B. rear-qulen+m

C. m-qulen D. (rear+m-qulen+1)% m

26. 在一个链队列中,假定 front 和 rear 分别为队头和队尾指针,则插入 *s 结点的操作为（　　）。

 A. front－>next＝s;front＝s;   B. s－>next＝rear;rear＝s;

 C. rear－>next＝s;rear＝s;   D. s－>next＝front;front＝s;

27. 用链接方式存储的队列,在进行删除运算时（　　）。

 A. 仅修改头指针   B. 仅修改尾指针

 C. 头、尾指针都要修改   D. 头、尾指针可能都要修改

28. 设有一个递归算法如下:

```
int fact(int n) {    //n 大于等于 0
    if(n<=0) return 1;
    else return n*fact(n-1);      }
```

则计算 fact(n)需要调用该函数的次数为（　　）。

 A. n＋1   B. n－1   C. n   D. n＋2

二、填空题

1. 设循环队列用数组 A[1…m]表示,对头、对尾指针分别为 front 和 tail。front 所指结点为引导结点,则判定队满的条件为（　　）。

2. 线性表、栈和队列都是（　　）结构,可以在线性表的位置插入和删除元素;对于栈只能在（　　）插入和删除元素;对于队列只能在（　　）插入元素和在（　　）删除元素。

3. 栈是（　　）的线性表,其运算遵循（　　）的原则。

4. 在计算递归函数时,如不用递归过程,应借助（　　）的数据结构。

5. 循环队列的引入,目的是克服（　　）。

6. 在具有 n 个单元、顺序存储的循环队列中,队满时共有（　　）个元素。

7. 队列是一种操作受限的线性表,视不同的应用需要,通常采用顺序存储结构或链式存储结构。在顺序存储结构中,为了克服操作过程中的"假溢出"现象,引入所谓的循环队列的概念,在循环队列中,判定队列空和满的条件是（　　）和（　　）。

8. 循环队列存储在数组 A[0…m]中,尾指针为 rear,则数据元素 x 入队时,首先将 x 放到队尾所在位置,然后队尾后移,其中队尾后移的操作语句为（　　）。

9. 用数组 A[0…m－1]存放循环队列的元素值,若其头尾指针分别为 front 和 rear,则循环队列中当前元素的个数为（　　）。

10. 使用一个有 100 个元素的数组存储循环队列,如果采取少用一个元素空间的方法来区别循环队列的队空和队满,约定队头指针 front 等于队尾指针 rear 时表示队空。若 front＝8,rear＝6,则队列中的元素个数为（　　）。

11. 设一个链栈的栈顶指针为 Ls,栈中结点两个字段分别为 data 和 next,其中 next 是指示后继结点的指针,栈空的条件是（　　）。如果栈不空,则退栈操作为 p＝Ls;（　　）;free(p);。

12. 字符 a、b、c、d 依次通过一个栈,按出栈的先后次序组成字符串,至多可以组成（　　）个不同的字符串。

13. 栈和队列是两种特殊的线性表,栈的特点是（　　）,队列的特点是（　　）。

14. 若进栈序列为 a、b、c,则有可能的出栈序列有（　　）种,它们分别是（　　）,不可能

的出栈序列是(　　　)。

15.无论对于顺序存储还是链式存储的栈和队列来说,进行插入和删除运算的时间复杂度相同,为(　　　)。

三、算法设计题

1.判断表达式中括号是否匹配,可通过栈,简单说是左括号时进栈,右括号时退栈。退栈时,若栈顶元素是左括号,则新读入的右括号与栈顶左括号就可消去。如此下去,输入表达式结束时,栈为空则正确,否则括号不匹配。

```
Status matching(char exp[])
{……}
```

2.假设以带头结点的循环链表表示队列,并且只设一个指针 rear 指向队尾结点,但不设头指针,请写出相应的入队列和出队列算法。

```
void EnQueue(LinkList rear, ElemType x)//入队操作
/*rear 是带头结点的循环链队列的尾指针,本算法将元素 x 插入队尾*/
{……}
void DeQueue(LinkList rear)//出队操作
/*rear 是带头结点的循环链队列的尾指针,本算法执行出队操作,若操作成功,则输出队头元素*/
{……}
```

4　数组和广义表

一、单项选择题

1.二维数组 A 中,每个元素的长度为 3 个字节,行下标 i 从 1 到 8,列下标 j 从 1 到 10,从首地址 SA 开始连续存放在存储器内,该数组按行存放时,元素 A[5][8]的起始地址为(　　　)。

A.SA+141　　　　B.SA+180　　　　C.SA+222　　　　D.SA+225

2.二维数组 A 中,每个元素的长度为 3 个字节,行下标 i 从 1 到 8,列下标 j 从 1 到 10,从首地址 SA 开始连续存放在存储器内,该数组按列存放时,元素 A[5][8]的起始地址为(　　　)。

A.SA+141　　　　B.SA+144　　　　C.SA+180　　　　D.SA+225

3.设有二维数组 A[1…12,1…10],其每个元素占 4 个字节,数据按行优先顺序存储,第一个元素的存储地址为 100,那么元素 A[5,5]的存储地址为(　　　)。

A.76　　　　　　B.176　　　　　　C.276　　　　　　D.376

4.设有二维数组 A[1…12,1…10],其每个元素占 4 个字节,数据按列优先顺序存储,第一个元素的存储地址为 100,那么元素 A[5,5]的存储地址为(　　　)。

A.176　　　　　　B.276　　　　　　C.208　　　　　　D.308

5.设有二维数组 A[0…8,0…9],其每个元素占 2 个字节,数据按行优先顺序存储,第一个元素的存储地址为 400,那么元素 A[8,5]的存储地址为(　　　)。

A.570　　　　　　B.506　　　　　　C.410　　　　　　D.482

6.数组 A 中每个元素 A[i,j]的长度为 2,行下标为 1 到 8,列下标为 1 到 10。数组首地

址为 S,若数组按行存放,则元素 A[7,5]的首地址为(　　　　)。

    A. S+128   B. S+64   C. S+150   D. S+92

7. 设有一个二维数组 A[m][n],假设 A[0][0]存放位置在 644,A[2][2]存放位置在676,每个元素占一个空间,则 A[4][5]在(　　　　)位置。

    A. 692   B. 626   C. 709   D. 724

8. 设二维数组 $A[1 \cdots m, 1 \cdots n]$(即 m 行 n 列)按行存储在数组 $B[1 \cdots m*n]$中,则二维数组元素 A[i,j]在一维数组 B 中的下标为(　　　　)。

    A. $(i-1)*n+j$ B. $(i-1)*n+j-1$ C. $i*(j-1)$ D. $j*m+i-1$

9. 二维数组 M[i,j]的元素是 4 个字符(每个字符占一个存储单元)组成的串,行下标 i从 0 到 4,列下标 j 从 0 到 5。M 按行存储时元素 M[3,5]的起始地址与 M 按列存储时元素(　　　　)的起始地址相同。

    A. M[2,4]   B. M[3,4]   C. M[3,5]   D. M[4,4]

10. 设有一个 10 阶的对称矩阵 A,采用压缩存储方式,以行序为主存储,a11 为第一元素,其存储地址为 1,每个元素占一个地址空间,则 a85 的地址为(　　　　)。

    A. 13   B. 33   C. 18   D. 40

11. 矩阵 A 是一个对称矩阵,将其下三角部分按行序存放在一维数组 $B[1, n(n+1)/2]$中,对下三角部分中任一元素 $a_{i,j}(1 \leqslant j \leqslant i \leqslant n)$,在一维数组 B 中下标 k 的值是(　　　　)。

    A. $i(i-1)/2+j-1$ B. $i(i-1)/2+j$

    C. $i(i+1)/2+j-1$ D. $i(i+1)/2+j$

12. 若对 n 阶对称矩阵 A 以行序为主序方式将其下三角形的元素(包括主对角线上所有元素)依次存放于一维数组 $B[1 \cdots (n(n+1))/2]$中,则在 B 中确定 $a_{ij}(i<j)$的位置 k 的关系为(　　　　)。

    A. $i*(i-1)/2+j$ B. $j*(j-1)/2+I$ C. $i*(i+1)/2+j$ D. $j*(j+1)/2+i$

13. 设有下三角矩阵,用数组 $A[0 \cdots 10, 0 \cdots 10]$表示,按行优先顺序存放其非零元素,每个非零元素占 2 个字节,存放的基址为 100,则元素 A[5,5]的存放地址为(　　　　)。

    A. 110   B. 120   C. 130   D. 140

14. 设矩阵 $A(a_{ij}, 1 \leqslant i, j \leqslant 10)$的元素满足:

$$a_{ij} \neq 0 (i \geqslant j, 1 \leqslant i, j \leqslant 10) \qquad a_{ij}=0(I<j, 1 \leqslant I, j \leqslant 10)$$

现将 A 的所有非 0 元素以行序为主存放在首地址为 2000 的存储区域中,每个元素占 4个单元,则元素 A[9,5]的首地址为(　　　　)。

    A. 2160   B. 2164   C. 2336   D. 2340

15. 所谓稀疏矩阵指的是(　　　　)。

    A. 零元素个数较多的矩阵

    B. 零元素个数占矩阵元素总个数一半的矩阵

    C. 零元素个数远远多于非零元素个数且分布没有规律的矩阵

    D. 包含零元素的矩阵

16. 稀疏矩阵一般的压缩方法有两种,即(　　　　)。

    A. 二维数组和三维数组   B. 三元组和散列

C. 三元组和十字链表　　　　　　　　　　　D. 散列和十字链表

17. 以下关于广义表的叙述中，正确的是（　　　）。

A. 广义表是 0 个或多个原子或子表组成的有限序列

B. 广义表至少有一个元素是子表

C. 广义表不可以是自身的子表

D. 广义表不能为空表

18. 已知广义表 LS＝((a,b,c),(d,e,f))，运用 head 和 tail 函数取出 LS 中原子 e 的运算是（　　　）。

A. head(tail(LS))　　　　　　　　　　　　B. tail(head(LS))

C. head(tail(head(tail(LS))))　　　　　　　D. head(tail(tail(head(LS))))

19. 已知广义表 L＝((x,y,z),a,(u,t,w,v))，从 L 表中取出原子项 t 的运算是（　　　）。

A. head(tail(tail(L)))　　　　　　　　　　B. tail(head(head(tail(L))))

C. head(tail(head(tail(L))))　　　　　　　D. head(tail(head(tail(tail(L)))))

20. 已知广义表 L＝((x,y,z),a,(u,t,w,v))，则 tail(tail(head(tail(tail(L))))) 是（　　　）。

A. (w,v)　　　　　B. v　　　　　C. (v)　　　　　D. (u,t,w,v)

21. 设广义表 L＝((a,b,c))，则 L 的长度和深度分别为（　　　）。

A. 1 和 1　　　　　B. 1 和 3　　　　　C. 1 和 2　　　　　D. 2 和 3

22. 如果将矩阵 $A_{n \times n}$ 的每一列看成一个子表，整个矩阵看成一个广义表 L，即 L＝((a_{11},a_{21},…,a_{n1}),(a_{12},a_{22},…,a_{n2}),…,(a_{1n},a_{2n},…,a_{nn}))，并且可以通过求表头 head 和求表尾 tail 的运算求取矩阵中的每一个元素，则求得 a_{21} 的运算是（　　　）。

A. head(tail(head(L)))　　　　　　　　　　B. head(head(head(L)))

C. tail(head(tail(L)))　　　　　　　　　　D. head(head(tail(L)))

二、判断题

1. (　　　)若采用三元组压缩技术存储稀疏矩阵，只要把每个元素的行下标和列下标互换就完成了对该矩阵的转置运算。

2. (　　　)一个广义表的表头总是一个广义表。

3. (　　　)一个广义表的表尾总是一个广义表。

4. (　　　)N＊N 对称矩阵经过压缩存储后占用的存储单元是原先的 1/2。

5. (　　　)稀疏矩阵在用三元组表示法时，可节省空间，但对矩阵的操作会增加算法的难度及耗费更多的时间。

三、填空题

1. 设二维数组 A[1…m][1…n]按行优先顺序存储在内存中，A 的首地址为 p，每个元素占 k 个字节，则元素 a_{ij} 的地址为（　　　）。

2. 假设有二维数组 $A_{6 \times 8}$，每个元素用相邻的 6 个字节存储，存储器按字节编址。已知 A 的起始存储位置（基址）为 1000，则末尾元素 A_{57} 的地址为（　　　）；若按行存储时，元素 A_{14} 的地址为（　　　）；若按列存储时，元素 A_{47} 的地址为（　　　）。

3. 二维数组 A 的元素都是 6 个字符组成的串，行下标 i 的范围从 0 到 8，列下标 j 的范围从 1 到 10。

(1)存放 A 至少需要( )个字节;

(2)A 的第 8 列和第 5 行共占( )个字节;

(3)若 A 按行存放,元素 A[8,5]的起始地址与 A 按列存放时的元素( )的起始地址一致。

4.设有二维数组 A[0…9,0…19],其每个元素占两个字节,数组按列优先顺序存储,第一个元素的存储地址为 100,那么元素 A[6,6]的存储地址为( )。

5.设有一个二维数组 A[m][n],假设 A[0][0]存放位置在 644,A[2][2]存放位置在 676,每个元素占一个空间,则 A[3][3]存放在( )位置。

6.矩阵 A 为一个三对角矩阵,将其三对角部分按行序存放在一维数组 $B[0,3(n-1)]$ 中,对三对角部分中任一元素 $a_{i,j}(0<=i,j<=n-1)$,在一维数组 B 中下标 k 的值是( )。

7.设矩阵 A 是一对称矩阵($a_{ij}=a_{ji}$,$1 \leqslant i,j \leqslant 8$),若每个矩阵元素占 3 个单元,将其上三角部分(包括对角线)按行序为主序存放在数组 B 中,B 的首址为 100,则矩阵元素 n_{67} 的地址为( )。

8.将三对角矩阵 A[n,n]的三条对角线上的元素逐行存放于数组 B[0…3n-3]中,使得 B[k]=A[i,j](A[0,0]存放在 B[0])。

(1)用 i,j 表示 k 的下标变换公式:( )

(2)用 k 表示 i,j 的下标变换公式:( )

9.将图 2-2 所示的矩阵 A[n,n]的两条对角线上的元素逐行存放于数组 B[0…2n-2]中,使得 B[k]=A[i,j],求:

$$\begin{bmatrix} a_{1,1} & a_{1,2} & & & & \\ & a_{2,2} & a_{2,3} & & & \\ & & a_{3,3} & a_{3,4} & & \\ & & & \ddots & \ddots & \\ & & \ddots & & a_{n-1,n-1} & a_{n-1,n} \\ & & & & & a_{n,n} \end{bmatrix}$$

图 2-2

(1)用 i,j 表示 k 的下标变换公式:( )

(2)用 k 表示 i,j 的下标变换公式:( )

10.图 2-3 所示的矩阵 A 中,下标满足关系式 i+j<n+l 时,$a_{ij}=0$。现将 A 中其他元素按行优先顺序依次存储到长度为 n(n+1)/2 的一维数组 sa 中,其中元素 A[1,n]存储在 sa[0]。

$$\begin{bmatrix} 0 & \cdots & \cdots & 0 & a_{1,n} \\ 0 & \cdots & 0 & a_{2,n-1} & a_{2,n} \\ \vdots & & \vdots & \vdots & \vdots \\ 0 & a_{n-1,2} & \cdots & \cdots & a_{n-1,n} \\ a_{n,1} & a_{n,2} & \cdots & \cdots & a_{n,n} \end{bmatrix}$$

图 2-3

（1）设 n＝10,元素 A[4,9]存储在 sa[p],下标 p 的值为（   ）。

（2）设元素 a_{ij} 存储在 sa[k]中,写出由 i,j 和 n 计算 k 的一般公式:（   ）

11. N 阶方阵 A 中元素 a_{ij}($1 \leq i,j \leq N$),当 i＝j 或 i＋1＝j 时,$a_{ij} \neq 0$,否则 $a_{ij} = 0$;若将 A 按如下方式映射到一维数组 S 中,则通过计算公式（   ）可随机地从 S 中取出 A 中任一元素 a_{ij}。

k	1	2	3	4	n	n+1	n+2	2n−1
S	a11	a22	a33	……	ann	a12	a23	……

12. 广义表 A＝(a,b,(c,d),(e,(f,g))),则 Head(Tail(Head(Tail(Tail(A)))))＝（   ）。

13. 已知广义表((a,b,c),d,(e,f,g,h)),则 tail(tail(head(tail(tail(L)))))的结果是（   ）。

14. 求下列广义表运算的结果:

head(tail(((a,b),(c,d))))＝（   ）。

tail(head(((a,b),(c,d))))＝（   ）。

广义表((a,b,c,d))的表头是（   ）。

广义表((a,b,c,d))的表尾是（   ）。

15. 设有广义表 D＝(a,b,D),则其长度为（   ）,深度为（   ）。

16. 请将香蕉 banana 用工具 H( )—Head( ),T( )—Tail( )从 L 中取出。

L＝(apple,(orange,(strawberry,(banana)),peach),pear)

17. 利用广义表的 head 和 tail 操作写出函数表达式,把以下各题中的单元素 banana 从广义表中分离出来:

（1）L1(apple, pear, banana, orange)

（2）L2((apple, pear),(banana, orange))

（3）L3(((apple),(pear),(banana),(orange)))

（4）L4((((apple))),((pear)),(banana), orange)

（5）L5((((apple), pear), banana), orange)

（6）L6(apple,(pear,(banana), orange))

5　树和二叉树

一、单项选择题

1. 一棵二叉树具有（   ）种基本形态。

A. 5　　　　　　　　B. 4　　　　　　　　C. 3　　　　　　　　D. 2

2. 按照二叉树的定义,具有 3 个结点的二叉树有（   ）种形态。

A. 3　　　　　　　　B. 4　　　　　　　　C. 5　　　　　　　　D. 6

3. 由 4 个结点可以构造出多少种不同的二叉树（   ）。

A. 4　　　　　　　　B. 5　　　　　　　　C. 14　　　　　　　　D. 15

4.满二叉树( )二叉树。

A.一定是完全 B.不一定是完全

C.不是 D.不是完全

5.对任一棵树,设它有 n 个结点,这 n 个结点的度数之和为 d,下列关系式正确的是( )。

A.d＝n B.d＝n－2 C.d＝n＋1 D.d＝n－1

6.设一棵二叉树中,度为 1 的结点数为 9,则该二叉树的叶子结点的数目为( )。

A.10 B.11 C.12 D.不确定

7.若一棵二叉树中,度为 2 的结点数为 9,则该二叉树的叶子结点数为( )。

A.10 B.11 C.12 D.不确定

8.有一棵二叉树,它的叶子结点数为 6,度为 2 的结点为( )个。

A.4 B.5 C.6 D.7

9.在一棵具有 5 层的满二叉树中结点的总数为( )。

A.31 B.32 C.33 D.16

10.深度为 K 的二叉树,所含叶子的个数最多为( )。

A.2K B.K C.2^{K-1} D.2^K-1

11.深度为 h 的满 m 叉树的第 k 层有( )个结点。(1≤k≤h)

A.m^{k-1} B.m^k-1 C.m^{h-1} D.m^h-1

12.具有 64 个结点的完全二叉树其深度为( )。

A.8 B.7 C.6 D.5

13.一棵具有 1025 个结点的二叉树的高为( )。

A.11 B.10 C.11 至 1025 之间 D.10 至 1024 之间

14.将有关二叉树的概念推广到三叉树,则一棵有 244 个结点的完全三叉树的高度为( )。

A.4 B.5 C.6 D.7

15.树中所有结点的度等于所有结点数加( )。

A.0 B.1 C.—1 D.2

16.对一棵满二叉树,m 个树叶,n 个结点,深度为 h,则( )。

A.n＝h＋m B.h＋m＝2n C.m＝h－1 D.$n=2^h-1$

17.一棵满二叉树共有 n 个结点,其中 m 个为树叶,则( )。

A.n＝m＋1 B.m＝(n＋1)/2 C.$n=2^m$ D.n＝2m

18.完全二叉树(根的序号为 1)中,可判定序号为 p 和 q 的两个结点是否在同一层的正确选项是( )。

A.$\lfloor \log_2 p \rfloor = \lfloor \log_2 q \rfloor$ B.$\log_2 p = \log_2 q$

C.$\lfloor \log_2 p \rfloor + 1 = \lfloor \log_2 q \rfloor$ D.$\lfloor \log_2 p \rfloor = \lfloor \log_2 q \rfloor + 1$

19.将含有 100 个结点的完全二叉树从根这一层开始,每层从左到右依次对结点编号,根结点的编号为 1,编号为 71 的结点的双亲的编号为( )。

A.34 B.35 C.36 D.无法确定

20. 对一棵有 70 个结点的完全二叉树,它有多少个非叶子结点(　　　)。

　　A. 35　　　　　　　　B. 40　　　　　　　　C. 30　　　　　　　　D. 44

21. 已知一棵完全二叉树的第 5 层有 6 个叶子结点,则这棵完全二叉树的结点个数最多是(　　　)。

　　A. 21　　　　　　　　B. 51　　　　　　　　C. 31　　　　　　　　D. 63

22. 已知一棵完全二叉树的第 6 层有 8 个叶子结点,则这棵完全二叉树的结点个数最多是(　　　)。

　　A. 39　　　　　　　　B. 52　　　　　　　　C. 111　　　　　　　D. 119

23. 在一棵顺序二叉树(结点从根为 1 开始自上而下每层从左到右编号)中,若一结点的编号为 i,则其右孩子的编号为(　　　)。

　　A. i/2 取整　　　　　B. 2i　　　　　　　　C. 2i+1　　　　　　　D. 2i−1

24. 若完全二叉树的结点总数为偶数,则度为 1 的结点有(　　　)个。

　　A. 0　　　　　　　　B. 1　　　　　　　　C. 2　　　　　　　　D. 不确定

25. 某二叉树的前序序列和后序序列正好相反,则该二叉树一定是(　　　)的二叉树。

　　A. 空或只一个结点　　　　　　　　　B. 任一结点无左子树

　　C. 任一结点无右子树　　　　　　　　D. 高度等于其结点数

26. 一棵非空的二叉树的先序序列与后序序列正好相反,则该二叉树一定满足(　　　)。

　　A. 所有的结点均无左孩子　　　　　　B. 所有的结点均无右孩子

　　C. 只有一个叶子结点　　　　　　　　D. 是任意一棵二叉树

27. 设 n,m 为一棵二叉树上的两个结点,在中序遍历时,n 在 m 前的条件是(　　　)。

　　A. n 在 m 的右方　　　　　　　　　B. n 是 m 的祖先

　　C. n 在 m 的左方　　　　　　　　　D. n 是 m 的子孙

28. 在一棵二叉树结点的先序序列、中序序列和后序序列中,所有叶子结点的先后顺序(　　　)。

　　A. 都不相同

　　B. 完全相同

　　C. 先序和中序相同,而与后序不同

　　D. 中序和后序相同,而与先序不同

29. 二叉树先序遍历 x 在 y 之前,后序遍历 x 在 y 之后,则 x 是 y 的(　　　)。

　　A. 左兄弟　　　　　B. 右兄弟　　　　　C. 祖先　　　　　　D. 后裔

30. 在一非空二叉树的中序遍历序列中,根结点的右边(　　　)。

　　A. 只有右子树上的所有结点　　　　　B. 只有右子树上的部分结点

　　C. 只有左子树上的所有结点　　　　　D. 只有左子树上的部分结点

31. 对二叉树 T 中的某个结点 x,它在先根序列、中根序列、后根序列中的序号分别为 pre(x),in(x),post(x),a 和 b 是 T 中的任意两个结点,下列选项一定错误的是(　　　)。

　　A. a 是 b 的祖先且 post(a)>post(b)　　　B. a 是 b 的后代且 pre(a)<pre(b)

　　C. a 是 b 的后代且 in(a)<in(b)　　　　　D. a 在 b 的左边且 in(a)<in(b)

32. 二叉树先序遍历序列中 x 在 y 之前,后序遍历序列中 x 在 y 之后,则结点 x 和 y 的关系是(　　　)。

A. x 是 y 的左兄弟 　　　　　　　　　　B. x 是 y 的右兄弟

C. x 是 y 的祖先 　　　　　　　　　　D. x 是 y 的后裔

33. 设二叉树中任一结点的值大于它左子树中每个结点的值而小于右子树中每个结点的值,要得到该二叉树中所有结点值的递增序列,应当采用(　　　)方法遍历二叉树。

A. 先根遍历 　　　　　　　　　　B. 后根遍历

C. 中根遍历 　　　　　　　　　　D. 层次遍历

34. 如果一棵二叉树结点的前序序列是 A、B、C,后序序列是 C、B、A,则该二叉树结点的中序序列是(　　　)。

A. A、B、C 　　　　B. A、C、B 　　　　C. B、C、A 　　　　D. 不能确定

35. 已知一棵二叉树的前序遍历结果为 ABCDEF,中序遍历结果为 CBAEDF,则后序遍历结果为(　　　)。

A. CBEFDA 　　　　B. FEDCBA 　　　　C. CBEDFA 　　　　D. 不定

36. 已知一棵二叉树的先根序列为 ABDGCFK,中根序列为 DGBAFCK,则结点的后根序列为(　　　)。

A. ACFKDBG 　　　　B. GDBFKCA 　　　　C. KCFAGDB 　　　　D. ABCDFKG

37. 某二叉树中序序列为 ABCDEFG,后序序列为 BDCAFGE,则前序序列是(　　　)。

A. EGFACDB 　　　　B. EACBDGF 　　　　C. EAGCFBD 　　　　D. 上面的都不对

38. 已知某二叉树的后序遍历序列是 dabec,中序遍历是 debac,它的前序遍历是(　　　)。

A. acbed 　　　　B. deabc 　　　　C. decab 　　　　D. cedba

39. 如果一棵二叉树的后序序列为 gdbehfca,中序序列为 dgbaechf,则该二叉树的先序序列为(　　　)。

A. abcdefgh 　　　　B. bdgaechf 　　　　C. bdgcefha 　　　　D. abdgcefh

40. 若某二叉树的前序遍历的结点访问顺序是 a b d g c e f h,中序遍历的结点访问顺序是 d g b a e c h f,则其后序遍历的结点访问顺序是(　　　)。

A. b d g c e f h a 　　　　B. g d b e c f h a 　　　　C. b d g a e c h f 　　　　D. g d b e h f c a

41. 一棵二叉树的前序遍历序列为 ABCDEFG,它的中序遍历序列可能是(　　　)。

A. CABDEFG 　　　　B. ABCDEFG 　　　　C. DACEFBG 　　　　D. ADCFEBG

42. 设高度为 h 的二叉树上只有度为 0 和度为 2 的结点,则此二叉树中所含的结点数至少为(　　　)。

A. h+1 　　　　B. 2h 　　　　C. 2h+1 　　　　D. 2h−1

43. 设树 T 的度为 4,其中度为 1,2,3 和 4 的结点个数分别为 4,2,1,1,则 T 中的叶子数为(　　　)。

A. 5 　　　　B. 6 　　　　C. 7 　　　　D. 8

44. 树 T 的度为 4,其中度为 1,2,3 和 4 的结点数分别为 4,1,10,20,则 T 中的叶子数为(　　　)。

A. 41 　　　　B. 82 　　　　C. 113 　　　　D. 122

45. 以二叉链表作为二叉树的存储结构,在具有 n(n>0)个结点的二叉链表中,空链域

的个数为（   ）。

A. 2n−1   B. n−1   C. n+1   D. 2n+1

46. n 个结点的线索二叉树上含有的线索数为（   ）。

A. 2n   B. n−1   C. n+1   D. n

47. 下列线索二叉树中（用虚线表示线索），符合后序线索树定义的是（   ）。

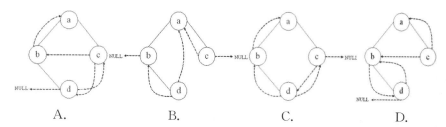

A.   B.   C.   D.

48. X 是二叉中序线索树中一个有左孩子的结点，且 X 不为根，则 X 的前驱为（   ）。

A. X 的双亲   B. X 的右子树中最左的结点

C. X 的左子树中最右的结点   D. X 的左子树中最右叶结点

49. 引入二叉线索树的目的是（   ）。

A. 加快查找结点的前驱或后继的速度

B. 能在二叉树中方便地进行插入与删除

C. 能方便地找到双亲

D. 使二叉树的遍历结果唯一

50. 二叉树在线索后，仍不能有效求解的问题是（   ）。

A. 前（先）序线索二叉树中求前（先）序后继

B. 中序线索二叉树中求中序后继

C. 中序线索二叉树中求中序前驱

D. 后序线索二叉树中求后序后继

51. 实现任意二叉树的后序遍历的非递归算法而不使用栈结构，最佳方案是二叉树采用（   ）存储结构。

A. 二叉链表   B. 广义表存储结构   C. 三叉链表   D. 顺序存储结构

52. 森林 F 对应的二叉树为 B(m 个结点)，根的右子树有 n 个结点，F 第一棵树的结点个数是（   ）。

A. m−n   B. m−n−1

C. n+1   D. 条件不足，无法确定

53. 树的基本遍历策略可分为先根遍历和后根遍历，二叉树的基本遍历策略可分为先序遍历、中序遍历和后序遍历。这里，我们把由树转化得到的二叉树叫作这棵树对应的二叉树。以下结论（   ）是正确的。

A. 树的先根遍历序列与其对应的二叉树的先序遍历序列相同

B. 树的后根遍历序列与其对应的二叉树的后序遍历序列相同

C. 树的先根遍历序列与其对应的二叉树的中序遍历序列相同

D. 以上都不对

54. 如果 T2 是由有序树 T 转换而来的二叉树,那么 T 中结点的后序就是 T2 中结点的( )。

A. 前序   B. 中序   C. 后序列   D. 层次序

55. 在树 T 中,结点 x 的度为 k(k>1),结点 y 是结点 x 的最右边一个子女,在与树 T 对应的二叉树中,下列结论成立的是( )。

A. y 一定是 x 的左孩子   B. y 一定是 x 的右孩子

C. y 的左子树一定为空   D. y 的右子树一定为空

56. 设森林 F 对应的二叉树为 B。若 F 中有 n 个非终端结点,则 B 中右指针域为空的结点有( )个。

A. $n-1$ B. n   C. $n+1$ D. $n+2$

57. 下述编码中哪一个不是前缀码( )。

A. (00,01,10,11)   B. (0,1,00,11)

C. (0,10,110,111)   D. (1,01,000,001)

58. 下面几个符号串编码集合中,不是前缀编码的是( )。

A. {0,10,110,1111}   B. {11,10,001,101,0001}

C. {00,010,0110,1000}   D. {b,c,aa,ac,aba,abb,abc}

59. 设给定权值总数有 n 个,其哈夫曼树的结点总数为( )。

A. 不确定   B. 2n   C. $2n+1$ D. $2n-1$

60. 对于给出的一组权 w={10,12,16,21,30},通过哈夫曼算法求出的 Huffman 树的带权路径长度为( )。

A. 89   B. 189   C. 200   D. 300

61. 根据使用频率为 5 个字符设计的哈夫曼编码不可能是( )。

A. 000,001,010,011,1   B. 0000,0001,001,01,1

C. 000,001,01,10,11   D. 00,100,101,110,111

二、判断题

1. ( )非空树中只有一个无前驱的结点。

2. ( )树的度为树中各个结点的度数之和。

3. ( )非空树树中每个结点的度数之和等于结点的总数减1。

4. ( )树中每个结点的度数之和与边的条数相等。

5. ( )二叉树是每个结点的度不超过2的有序树。

6. ( )二叉树中任何一个结点的度都为2。

7. ( )二叉树的度为2。

8. ( )任何一棵二叉树中至少有一个结点的度为2。

9. ( )只有一个结点的二叉树的度为0。

10. ( )一棵二叉树的叶子结点在先序、中序、后序遍历中的相对次序不变。

11. ( )二叉树按某种顺序线索化后,任一结点均有指向其前驱和后继的线索。

12. ( )二叉树的前序遍历序列中,任意一个结点均处在其子女结点的前面。

13. ( )由于二叉树中每个结点的度最大为2,所以二叉树是一种特殊的树。

14.（   ）一棵二叉树的度可以小于2。

15.（   ）哈夫曼树是带权路径长度最短的二叉树。

16.（   ）哈夫曼树中叶子结点的个数等于非叶子结点的个数。

17.（   ）哈夫曼树中结点的度要么是0，要么是2。

18.（   ）哈夫曼树是二叉树，结点的度可以为0,1,2。

19.（   ）哈夫曼树中一定没有度为1的结点。

20.（   ）哈夫曼树中两个权值最小的结点一定是兄弟结点。

21.（   ）具有n个叶子结点的哈夫曼树共有2n−1个结点。

22.（   ）哈夫曼树的根结点的权值等于各个叶子结点的权值之和。

23.（   ）哈夫曼树中任一非叶子结点的权值一定不小于下一层任一结点的权值。

24.（   ）等长编码一定是前缀编码。

三、填空题

1.由3个结点可以构造出（   ）种不同形态的二叉树，（   ）种不同形态的树。

2.一棵深度为h的完全二叉树上的结点总数最小值为（   ），最大值为（   ）。

3.有n个结点的完全二叉树，其深度为（   ），非终端结点有（   ）个，所有结点的度之和为（   ）。

4.在完全二叉树中，编号为i和j的两个结点处于同一层的条件是（   ）。

5.用数组A[0…n−1]存储完全二叉树，则A[i]右子女的结点是（   ）。

6.假定一棵二叉树的结点数为18，则它的最小高度为（   ）。

7.一棵有n个结点的满二叉树有（   ）个度为1的结点，有（   ）个分支（非终端）结点和（   ）个叶子，该满二叉树的深度为（   ）。

8.一棵含有101个结点的完全二叉树存储在数组A[1…101]中，对1≤k≤101，若A[k]为叶子结点，则k的最小值是（   ）。

9.一棵完全二叉树上有1001个结点，其中叶子结点的个数是（   ）。

10.一棵完全二叉树上有100个结点，其中叶子结点的个数是（   ），度为1的结点个数是（   ），度为2的结点个数是（   ）。

11.一棵完全二叉树上有101个结点，其中叶子结点的个数是（   ），度为1的结点个数是（   ），度为2的结点个数是（   ）。

12.已知一棵完全二叉树的第6层有8个叶子结点，则完全二叉树的结点个数最少是（   ），最多是（   ）。

13.若一棵二叉树具有10个度为2的结点和5个度为1的结点，则度为0的结点个数是（   ）。

14.一棵二叉树高度为h，所有结点的度或为0，或为2，则这棵二叉树最少有（   ）结点。

15.5层的平衡二叉树至少有（   ）个结点。

16.已知一棵度为3的树有4个度为3的结点、3个度为2的结点、2个度为1的结点，则该树中有（   ）个叶子结点。

17.二叉树的先序遍历和中序遍历如下：先序遍历：EFHIGJK；中序遍历：HFIEJKG。

该二叉树根的右子树的根是（　　　）。

18. 设一棵二叉树的前序序列为 ABC，则有（　　　）种不同的二叉树可以得到这种序列。

19. 树的三种常用存储结构表示法是（　　　）、（　　　）和（　　　）。

20. 设 F 是由 T1、T2、T3 三棵树组成的森林，与 F 对应的二叉树为 B，已知 T1、T2、T3 的结点数分别为 n1、n2 和 n3，则二叉树 B 的左子树中有（　　　）个结点，右子树中有（　　　）个结点。

21. 设森林 F 对应的二叉树为 B，它有 m 个结点，B 的根为 p，p 的右子树结点个数为 n，森林 F 中第一棵树的结点个数为（　　　）。

22. 对于一个有 N 个结点、K 条边的森林，共有（　　　）棵树。

23. 二叉树的顺序存储结构（注：按照完全二叉树的序号）如图 2-4 所示。

0	1	2	3	4	5	6	7	8	9	10	11	12
a	b	c	d		e			f			g	h

图 2-4

先序序列：（　　　）　　中序序列：（　　　）　　后序序列：（　　　）

对应森林的先序序列：（　　　）　　　　对应森林的中序序列：（　　　）

24. 有 5 个叶子结点的哈夫曼树上的结点数是（　　　）。

25. 具有 n 个叶子结点的哈夫曼树共有（　　　）的结点。

26. 叶子结点的权值分别为 1,2,3,4,5,6。构造哈曼夫树，带权路径长度 WPL 为（　　　）。

27. 由带权为 9,2,5,7 的四个叶子结点构成一棵哈夫曼树，该树的带权路径长度为（　　　）。

28. 一棵树中非叶子结点的个数为 n，与树对应的二叉树中右子树为空的结点个数为 m，则 m 和 n 满足的关系式为（　　　）。

29. 用于通信的电文由 8 个字母（C1～C8）组成，各字母出现的频率分别为 0.07,0.19,0.02,0.06,0.32,0.03,0.21,0.10。构造出 Huffman 树（左子树根结点权值≤右子树根结点权值）。各字母对应的 Huffman 编码是：（　　　）（　　　）（　　　）（　　　）（　　　）（　　　）（　　　）（　　　），该 Huffman 树的带权路径长度 WPL 为（　　　）。

四、综合题

1. 已知一棵度为 m 的树中有 n_1 个度为 1 的结点，n_2 个度为 2 的结点，…，n_m 个度为 m 的结点，问该树中有多少个叶子结点？

2. 设二叉树的顺序存储结构如下：

0	1	2	3	4	5	6	7	8	9	10	11	12	13	14	15	16	17	18	19
e	a	f		d		g			c	j			h	i					b

(1) 画出该二叉树的逻辑结构；

(2) 写出其先序、中序、后序序列；

(3) 画出其后序线索二叉树；

（4）把它转换成对应的森林。

3.根据图 2-5 所示的二叉树完成遍历、绘制线索二叉树,并将其顺序存储在连续内存单元中。

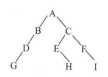

（1）写出中序遍历的结果;

（2）画出中序线索二叉树;

（3）将其顺序存储在连续内存单元中。

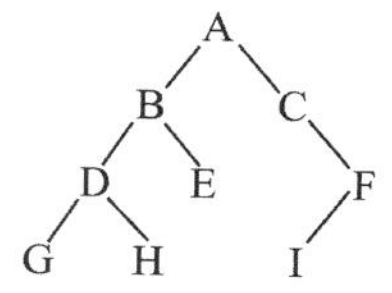

图 2-5

4.根据图 2-6 所示的二叉树完成遍历、绘制线索二叉树,并将其顺序存储在连续内存单元中。

（1）写出中序遍历的结果;

（2）画出中序线索二叉树;

（3）将其顺序存储在连续内存单元中。

图 2-6

5.已知某二叉树的前序序列为 EBADCFHGI,中序序列为 ABCDEFGHI,请给出该二叉树的后序序列。

6.设一棵二叉树的先序序列:A B D F C E G H,中序序列:B F D A G E H C。

（1）画出这棵二叉树。

（2）画出这棵二叉树的后序线索树。

（3）将这棵二叉树转换成对应的树（或森林）。

7.已知一棵二叉树的先序序列为 ABDGHCEFI,中序序列为 GDHBAECIF,画出该二叉树。

8.已知一棵二叉树的中序序列为 BDCEAFHG,后序序列为 DECBHGFA,画出该二叉树。

9.已知一棵二叉树的中序序列为 cbedahgijf,后序序列为 cedbhjigfa。

（1）画出该二叉树;

（2）画出该二叉树的先序线索二叉树;

（3）将这棵二叉树转换成对应的树或森林。

10.已知一棵二叉树的层次序列为 ABCDEFGHIJ,中序序列为 DBGEHJACIF,据此画出二叉树。

11.已知一个森林的先序序列和后序序列如下,请构造出该森林。

先序序列:ABCDEFGHIJKLMNO

后序序列:CDEBFHIJGAMLONK

12.假定用于通信的电文由 5 个字符 a,b,c,d,e 组成,各字符在电文中出现的频率分别为 4,7,5,2,9。求与其相应的 Huffman 树（按照左子树取小的原则）及每个字符的哈夫曼编码并计算该 Huffman 树的带权路径长度。

13.已知下列字符 A、B、C、D、E、F、G 的权值分别为 3、12、7、4、2、8、11,求与其相应的 Huffman 树（按照左子树取小的原则）及每个字符的哈夫曼编码并计算该 Huffman 树的带权路径长度。

14.假设用于通信的电文仅由 8 个字母组成,字母在电文中出现的频率分别为 0.08,0.18,0.02,0.06,0.30,0.05,0.19,0.12。

（1）按照左子树取小的原则构造哈夫曼树；

（2）计算哈夫曼编码的平均码长,即树的带权路径长度。

15.假设用于通信的电文仅由 8 个字母组成,字母在电文中出现的频率分别为 0.07, 0.19,0.02,0.06,0.32,0.03,0.21,0.10。

（1）按照左子树取小的原则构造哈夫曼树；

（2）计算哈夫曼编码的平均码长,即树的带权路径长度。

16.假设用于通信的电文仅由 8 个字母组成,字母在电文中出现的频率分别为 15,3,14, 2,6,9,16,17。

（1）按照左子树取小的原则构造哈夫曼树；

（2）计算树的带权路径长度。

17.设有正文 AADBAACACCDACACAADA,字符集为 A、B、C、D,设计一套二进制编码,使得上述正文的编码最短。要求构造哈夫曼编码树时按照左子树取小的原则,给出每个字符的哈夫曼编码,最后计算出树的带权路径长度 WPL。

18.设通信电文中有 6 种字符{A，B，C，D，E，F},它们的出现频率依次为{16，5，10，3，15，1},完成问题:

（1）按照左子树取小的原则设计一棵哈夫曼树,画出其树结构；

（2）计算其带权路径长度 WPL。

19.已知下列字符 A、B、C、D、E、F、G 的权值分别为 3、12、7、4、2、8、11,试填写出其对应哈夫曼树 HT 的存储结构的终态。

初态：

	weight	parent	lchild	rchild
1	3	0	0	0
2	12	0	0	0
3	7	0	0	0
4	4	0	0	0
5	2	0	0	0
6	8	0	0	0
7	11	0	0	0
8		0	0	0
9		0	0	0
10		0	0	0
11		0	0	0
12		0	0	0
13		0	0	0

五、算法设计题

1. 二叉树以二叉链表为存储结构，设计算法对二叉树进行前序遍历。

```
typedef struct BiTNode {
ElemType data;   //结点数据
struct BiTNode   *lchild,*rchild; //左、右孩子指针
}BiTNode,*BiTree;
void PreOrderTraverse(BiTree T)
{……}
```

2. 二叉树以二叉链表为存储结构，设计算法对二叉树进行中序遍历。

```
void InOrderTraverse(BiTree T)
{……}
```

3. 下述算法的功能是中序遍历二叉树，请在空格处填上合适语句。

```
void InOrderTraverse (BiTree T)
{
    BiTree Stack[MaxSzie],p;
    int top=0;
    (1)_____ ;
    while(p)
    {
        Stack[top]=p;
        Top++;
        (2)_____ ;
    }
    while(Top>0)
    {
        Top--;
        (3)_____ ;
        visit(p->data);
        (4)_____ ;
        while(p)
        {
            Stack[top]=p;
            Top++;
            (5)_____ ;
        }
    }
}
```

4. 二叉树以二叉链表为存储结构，设计算法对二叉树进行后序遍历。

```
void PostOrderTraverse(BiTree T)
{……}
```

5. 二叉树以二叉链表为存储结构，设计算法对二叉树进行层次遍历。

```
void LevelOrderTraverse(BiTree T)
{……}
```

6. 二叉树以二叉链表为存储结构,设计算法统计二叉树中的结点数。

```
int GetBiTNodeCount(BiTree T)
{……}
```

7. 二叉树以二叉链表为存储结构,设计算法统计二叉树中的叶子结点数。

```
int LeafNodeCount(BiTree T)
{……}
```

8. 二叉树以二叉链表为存储结构,设计算法统计二叉树中度为 1 的结点数。

```
int countNode1(BiTree T)
{……}
```

9. 二叉树以二叉链表为存储结构,设计算法统计二叉树中度为 2 的结点数。

```
int countNode2(BiTree T)
{……}
```

10. 二叉树以二叉链表为存储结构,设计算法统计二叉树的高度。

```
int BitreeHeight(BiTree T)
{……}
```

11. 二叉树以二叉链表为存储结构,设计算法返回二叉树 Root 中 data 值为 x 的结点所在的层号(根结点层号为 1),如果不存在,则返回 0。

```
int NodeLevel(BiTree T, ElemType x )
{……}
```

12. 二叉树以二叉链表为存储结构,写一算法交换二叉树各结点的左右子树。

```
void Exchange(BiTree T)
{……}
```

13. 试写出求该二叉树第 k 层结点个数的递归算法。

```
int GetNodeNumKthLevel(BiTree T, int k )
{……}
```

14. 编写一个函数,判定两棵二叉树是否相似。所谓两棵二叉树 p 和 q 相似,即要么它们都为空或都只有一个结点,要么它们的左右子树都相似。

```
int Similar(BiTree p, BiTree q)
{……}
```

15. 二叉树以二叉链表为存储结构,设计算法复制二叉树。

```
void CreateBiTree(BiTree T,BiTree &t)
{……}
```

16. 假设二叉树采用二叉链表的方式存储,设计算法判断二叉树 T 是不是完全二叉树。

```
int JudgeComplete(BiTree bt)
{……}
```

17. 已知二叉树用下面的顺序存储结构,写出中序遍历该二叉树的算法。

	1	2	3	4	5	6	7	8	9
data	A	B	C	D	E	F	G	H	I
lchild	2	4	0	0	0	8	0	0	0
rchild	3	5	6	0	7	9	0	0	0

```
typedef char ElemType;
typedef struct TNode{
    ElemType data; //树的结点中的数据
    int lchild,rchild; //结点的左右孩子所对应的数组下标
}Tree;
void InOrder(Tree T[],int r) // r 为根结点位置域
{……}
```

18.设二叉树采用顺序存储的双亲表示法,设计二叉树的前序遍历算法。

```
typedef struct node
{
    ElemType data;
    int parent; //parent 为正表示结点为 parent 结点的左孩子,负数为右孩子
}BTree;
```

例如本题所示的二叉树的存储结构如下所示。结点 A 的 parent＝0,表示该结点无双亲,即根结点;结点 E 的 parent＝4,表示结点 E 为结点 D 的左孩子;结点 F 的 parent＝－4,表示结点 F 是结点 D 的右孩子。

下标	1	2	3	4	5	6	7
data	A	B	C	D	E	F	G
parent	0	1	2	－2	4	－4	－5

19.设一棵完全二叉树顺序存储在数组 bt[1…n]中,设计非递归的前序遍历算法。

```
void PreOrderTraverse(ElemType bt[],int n)
{……}
```

20.有 n 个结点的完全二叉树存放在一维数组 A[1…n]中,设计算法据此建立一棵用二叉链表表示的二叉树。

```
BiTree Create(ElemType A[],int n,int i)
{//A[1…n]中存放完全二叉树的顺序表示,i 表示以下标为 i 的结点为根建立一棵二叉树
    ……
}//Create
```

21.已知一棵二叉树按顺序方式存储在数组 A[1…n]中。设计算法,求出下标分别为 i 和 j 的两个结点的最近的公共祖先结点的值。

```
void Ancestor(ElemType A[],int n,int i,int j)
{……}
```

22.以二叉链表为存储结构,设计算法计算二叉树的宽度。所谓宽度,是指二叉树的各层上,具有结点数最多的那一层上的结点数。

```
int Width(BiTree bt)
{……}
```

6   图

一、单项选择题

1. 设无向图的顶点个数为 n,该图最多有(   )条边。

A. n−1   B. n(n−1)/2   C. n(n+1)/2   D. 0

2. 若采用邻接矩阵法存储一个含 n 个顶点的无向图,则该邻接矩阵是一个(   )。

A. 上三角矩阵   B. 稀疏矩阵   C. 对角矩阵   D. 对称矩阵

3. 一个含 n 个顶点的连通无向图,其边数至少为(   )。

A. n−1   B. n   C. n+1   D. n * logn

4. n 个顶点的连通图用邻接矩阵表示时,该矩阵至少有(   )个非零元素。

A. n   B. 2(n−1)   C. n/2   D. n * n

5. 在含 n 个顶点和 e 条边的无向图的邻接矩阵中,零元素的个数为(   )。

A. e   B. 2e   C. n^2-e D. n^2-2e

6. 存储无向图的邻接矩阵一定是一个(   )。

A. 上三角矩阵   B. 稀疏矩阵   C. 对称矩阵   D. 对角矩阵

7. 有 e 条边的无向图,若用邻接表存储,表中有(   )个边结点。

A. e   B. 2e   C. e−1   D. 2(e−1)

8. 具有 4 个顶点的无向完全图有(   )条边。

A. 6   B. 12   C. 16   D. 20

9. G 是一个非连通无向图,共有 28 条边,则该图至少有(   )个顶点。

A. 7   B. 8   C. 9   D. 10

10. 在一个图中,所有顶点的度数之和等于所有边数的(   )倍。

A. 1/2   B. 1   C. 2   D. 4

11. 连通分量指的是(   )。

A. 无向图中的极小连通子图   B. 无向图中的极大连通子图

C. 有向图中的极小连通子图   D. 有向图中的极大连通子图

12. 有向图中一个顶点的度是该顶点的(   )。

A. 入度   B. 出度

C. 入度与出度之和   D.(入度+出度)/2

13. 含 N 个顶点的无向图用邻接矩阵 A 表示时,顶点 V_i 的度是(   )。

A. $\sum_{i=1}^{n} A[i,j]$ B. $\sum_{j=1}^{n} A[i,j]$

C. $\sum_{i=1}^{n} A[j,i]$ D. $\sum_{i=1}^{n} A[i,j] + \sum_{j=1}^{n} A[j,i]$

14. 有向图 G 有 n 个结点,它的邻接矩阵为 A,G 中第 i 个顶点 V_i 的度为(   )。

A. $\sum_{i=1}^{n} A[i,j]$ B. $\sum_{j=1}^{n} A[i,j]$

C. $\sum_{i=1}^{n} A[i,j] + \sum_{j=1}^{n} A[j,i]$ D. $\sum_{j=1}^{n} (A[i,j] + A[j,i])$

15. 已知一个有向图的邻接存储结构如图 2-7 所示。

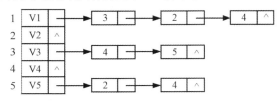

图 2-7

（1）根据有向图的深度优先遍历算法，从顶点 V_1 出发，所得到的顶点的序列是（　　）。

A. $V_1 V_2 V_3 V_5 V_4$　　　　　　　　B. $V_1 V_2 V_3 V_4 V_5$

C. $V_1 V_3 V_4 V_5 V_2$　　　　　　　　D. $V_1 V_4 V_3 V_5 V_2$

（2）根据有向图的广度优先遍历算法，从顶点 V_1 出发，所得到的顶点的序列是（　　）。

A. $V_1 V_2 V_3 V_4 V_5$　　　　　　　　B. $V_1 V_3 V_2 V_4 V_5$

C. $V_1 V_2 V_3 V_5 V_4$　　　　　　　　D. $V_1 V_4 V_3 V_5 V_2$

16. 对图 2-8 所示的无向图，若从顶点 a 出发按深度搜索法进行遍历，则可能得到的一种顶点序列为（　　）；若按广度优先搜索法进行遍历，则可能得到的一种顶点序列是（　　）。

① A. a,b,e,c,d,f　B. a,c,f,e,b,d　C. a,e,b,c,f,d　D. a,e,d,f,c,b

② A. a,b,c,e,d,f　B. a,b,c,e,f,d　C. a,e,b,c,f,d　D. a,c,f,d,e,b

17. 无向图 G＝(V,E)，其中：V＝{a,b,c,d,e,f}，E＝{(a,b),(a,e),(a,c),(b,e),(c,f),(f,d),(e,d)}。对该图进行深度优先遍历，得到的顶点序列正确的是（　　）。

A. a,b,e,c,d,f　　　　　　　　B. a,c,f,e,b,db

C. a,e,b,c,f,d　　　　　　　　D. a,e,d,f,c,b

18. 邻接表如图 2-9 所示，从顶点 0 出发按广度优先遍历的结果是（　　）。

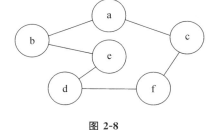

图 2-8 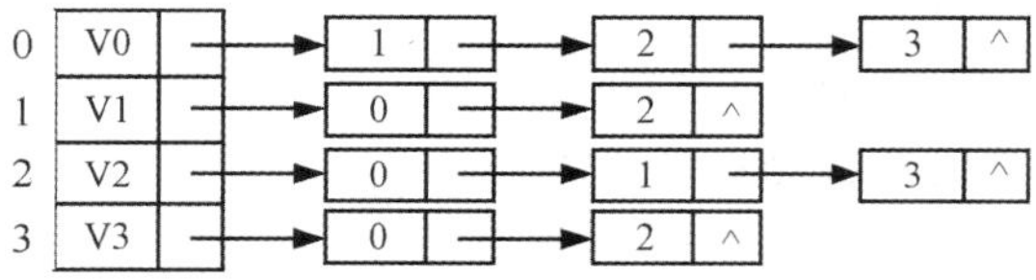　　　　　　　　　　　　　图 2-9

A. 0 1 3 2　　　　B. 0 2 3 1　　　　C. 0 3 2 1　　　　D. 0 1 2 3

19. 邻接矩阵如图 2-10 所示，从顶点 0 出发按深度优先遍历的结果是（　　）。

A. 0 2 4 3 1 5 6

B. 0 1 3 6 5 4 2

C. 0 1 3 4 2 5 6

D. 0 3 6 1 5 4 2

$$\begin{bmatrix} 0 & 1 & 1 & 1 & 1 & 0 & 1 \\ 1 & 0 & 0 & 1 & 0 & 0 & 1 \\ 1 & 0 & 0 & 0 & 1 & 0 & 0 \\ 1 & 1 & 0 & 0 & 1 & 1 & 0 \\ 1 & 0 & 1 & 1 & 0 & 1 & 0 \\ 0 & 0 & 0 & 1 & 1 & 0 & 1 \\ 1 & 1 & 0 & 0 & 0 & 1 & 0 \end{bmatrix}$$

图 2-10

20. 图的深度优先遍历类似于二叉树的（　　）。

A. 先序遍历　　　　　　　　B. 中序遍历

C. 后序遍历　　　　　　　　D. 层次遍历

21. 图的广度优先遍历类似于二叉树的（　　）。

A. 先序遍历   B. 中序遍历   C. 后序遍历   D. 层次遍历

22. 图的广度优先遍历类似于树的（   ）。

A. 先根遍历   B. 后根遍历   C. 按层遍历   D. 深度优先遍历

23. 实现图的广度优先搜索算法需使用的辅助数据结构为（   ）。

A. 栈   B. 队列   C. 树   D. 图

24. 实现图的非递归深度优先搜索算法需使用的辅助数据结构为（   ）。

A. 栈   B. 队列   C. 树   D. 图

25. 图的 BFS 生成树的树高比 DFS 生成树的树高（   ）。

A. 小   B. 相等   C. 小或相等   D. 大或相等

26. 若从无向图任一个顶点出发进行一次深度优先搜索可访问所有顶点,则该图一定是（   ）。

A. 非连通图   B. 连通图   C. 强连通图   D. 有向图

27. 在无向图中定义顶点 V_i 与 V_j 之间的路径为从 V_i 到达 V_j 的一个（   ）。

A. 顶点序列   B. 边序列   C. 权值总和   D. 边的条数

28. 下面（   ）适合构造一个稠密图 G 的最小生成树。

A. Prim 算法   B. Kruskal 算法   C. Floyd 算法   D. Dijkstra 算法

29. 最小生成树指的是（   ）。

A. 由连通网所得到的边数最少的生成树

B. 由连通网所得到的顶点相对较少的生成树

C. 连通网中所有生成树中权值之和为最小的树

D. 连通网的极小连通子图

30. 下面（   ）方法可以判断出一个有向图中是否有环(回路)。

A. 深度优先遍历   B. 拓扑排序   C. 求最短路径   D. 求关键路径

31. 对于一个具有 n 个顶点和 e 条边的有向图,在用邻接表表示图时,拓扑排序算法的时间复杂度为（   ）。

A. O(n)   B. O(n+e)   C. O(n*n)   D. O(n*n*n)

32. 在有向图 G 的拓扑序列中,若顶点 Vi 在顶点 Vj 之前,则下列情形不可能出现的是（   ）。

A. G 中有弧<Vi,Vj>   B. G 中有一条从 Vi 到 Vj 的路径

C. G 中没有弧<Vi,Vj>   D. G 中有一条从 Vj 到 Vi 的路径

33. 图 2-11 所示是一个带权的图,其最小生成树各边权的总和为（   ）。

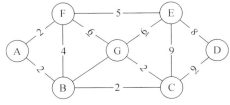

图 2-11

A. 14   B. 19   C. 21   D. 26

34. 关键路径是(　　　)。

A. AOE 网中从源点到汇点的最长路径

B. AOE 网中从源点到汇点的最短路径

C. AOV 网中从源点到汇点的最长路径

D. AOV 网中从源点到汇点的最短路径

35. 下列关于 AOE 网的叙述中,不正确的是(　　　)。

A. 关键活动不按期完成就会影响整个工程的完成时间

B. 任何一个关键活动提前完成,那么整个工程将会提前完成

C. 所有的关键活动提前完成,那么整个工程将会提前完成

D. 某些关键活动提前完成,那么整个工程将会提前完成

二、判断题

1. (　　　)求有向图结点的拓扑序列,其结果必定是唯一的。

2. (　　　)在一个有向图中,所有顶点的入度之和等于所有顶点的出度之和。

3. (　　　)无向图的相邻矩阵是对称矩阵。

4. (　　　)用邻接表法存储包括 n 个结点的图需要保存一个顺序存储的结点表和 n 个链式存储的边表。

5. (　　　)用邻接表法存储包括 n 条边的图需要保存一个顺序存储的结点表和 n 个链式存储的边表。

6. (　　　)图的深度遍历不适用于有向图。

7. (　　　)一个无向图的邻接矩阵中各非零元素之和与图中边的条数相等。

8. (　　　)一个有向图的邻接矩阵中各非零元素之和与图中边的条数相等。

9. (　　　)一个对称矩阵一定对应着一个无向图。

10. (　　　)一个有向图的邻接矩阵一定是一个非对称矩阵。

11. (　　　)图是一种非线性结构,所以只能用链式存储。

12. (　　　)图的最小生成树是唯一的。

13. (　　　)如果一个图有 n 个顶点和小于 n−1 条边,则一定是非连通图。

14. (　　　)有 n−1 条边的图一定是生成树。

15. (　　　)用邻接矩阵表示图时,矩阵元素的个数与顶点个数相关,与边数无关。

16. (　　　)用邻接表表示图时,顶点个数设为 n,边的条数设为 e,在邻接表上执行有关图的遍历操作时,时间复杂度为 O(n+e)。

17. (　　　)逆邻接表只能用于有向图,邻接表对于有向图和无向图的存储都适用。

18. (　　　)任何一个关键活动提前完成,那么整个工程将会提前完成。

19. (　　　)在 AOE 网络中关键路径只有一条。

20. (　　　)在 AOV 网络中如果存在环,则拓扑排序不能完成。

21. (　　　)图的邻接矩阵存储是唯一的,邻接表存储也是唯一的。

22. (　　　)假设一个有 n 个顶点和 e 条弧的有向图用邻接表表示,则删除与某个顶点 Vi 相关的所有弧的时间复杂度是 O(n * e)。

23. (　　　)一个无向连通图的生成树是含有该连通图的全部顶点的极大连通子图。

三、填空题

1.在一个图中,所有顶点的度数之和等于图的边数的(　　　)倍。

2.含 n 个顶点的无向完全图有(　　　)条边,有向完全图有(　　　)条边。

3.无向图中,如果从顶点 Vp 到顶点 Vq 有路径,则称 Vp 和 Vq 是(　　　),如果图中任意两个顶点是连通的,则该图是(　　　)。无向图中的极大连通子图称为该图的(　　　)。

4.在含 n 个顶点的有向图中,每个顶点的度最大可为(　　　)。

5.n 个顶点的连通图至少有(　　　)条边。

6.一棵有 n 个顶点的生成树有且仅有(　　　)条边。

7.如果含 n 个顶点的图形成一个环,则它有(　　　)棵生成树。

8.有向图 G 的极大强连通子图称为 G 的(　　　)。

9.含 n 个顶点的强连通有向图,最少有(　　　)条边,最多有(　　　)条边。

10.在含 n 个顶点的有向图中,若要使任意两点间可以互相到达,则至少需要(　　　)条弧。

11.在无权图 G 的邻接矩阵 A 中,若<Vi,Vj>或(Vi,Vj)属于图 G 的边集,则对应元素 A[i][j]等于(　　　);否则等于(　　　)。

12.含 n 个顶点、e 条边的图采用邻接矩阵存储,深度优先遍历算法的时间复杂度为(　　　);若采用邻接表存储,该算法的时间复杂度为(　　　)。

13.对于一个有向无环图 DAG,判断 AOV 网是否存在环(回路)的算法是(　　　)。

14.对于一个有向无环图 DAG,估算 AOE 网的整个工程完成所必需的最短时间的算法是(　　　)。

15.已知有向图 G=(V,E),其中 V={V1,V2,V3,V4,V5},E={<V1,V2>,<V1,V3>,<V1,V4>,<V3,V2>,<V3,V5>,<V4,V5>},图 G 的拓扑序列有(　　　)种,按照顶点序号从小到大的顺序输出的拓扑序列是(　　　)。

16.已知一无向图 G=(V,E),其中 V={a,b,c,d,e} E={(a,b),(a,d),(a,c),(d,c),(b,e)},现用某一种图遍历方法从顶点 a 开始遍历图,得到的序列为 abecd,则采用的是(　　　)遍历方法。

17.一无向图 G1(V,E),其中 V(G1)={1,2,3,4,5,6,7},E(G1)={(1,2),(1,3),(2,4),(2,5),(3,6),(3,7),(6,7),(5,1)},对该图从顶点 3 开始进行遍历,去掉遍历中未走过的边,得一生成树 G2(V,E),V(G2)=V(G1),E(G2)={(1,3),(3,6),(7,3),(1,2),(1,5),(2,4)},则采用的遍历方法是(　　　)。

18.已知图 G 的邻接表如图 2-12 所示,从顶点 V1 出发的深度优先搜索序列为(　　　);从顶点 V1 出发的宽度优先搜索序列为(　　　)。

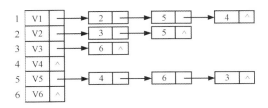

图 2-12

19.图的最短路径算法中,所有顶点间的最短路径 Floyd(弗洛伊德)算法的时间复杂度是(   )。

四、综合题

1.下面给出了一个图的邻接表(见图 2-13),请绘出:

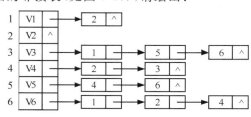

图 2-13

（1）该图的图形表示；

（2）每个顶点的入/出度；

（3）邻接矩阵；

（4）强连通分量。

2.已知一有向图的结构如图 2-14 所示。

（1）按照顶点序号从小到大的顺序写出其广度优先搜索序列,画出广度优先搜索生成树；

（2）画出邻接表存储结构。

3.已知图的邻接矩阵如图 2-15 所示。根据存储结构分别画出自顶点 1 出发进行遍历所得的深度优先生成树和广度优先生成树。

	1	2	3	4	5	6	7	8	9	10
1	0	0	0	0	0	0	1	0	1	0
2	0	0	1	0	0	0	1	0	0	0
3	0	0	0	1	0	0	0	1	0	0
4	0	0	0	0	1	0	0	0	1	0
5	0	0	0	0	0	1	0	0	0	1
6	1	1	0	0	0	0	0	0	0	0
7	0	0	0	0	0	0	0	0	0	1
8	1	0	0	1	0	0	0	0	1	0
9	0	0	0	0	1	0	1	0	0	1
10	1	0	0	0	0	1	0	0	0	0

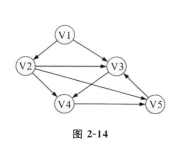

图 2-14

图 2-15

4.如图 2-16 所示,以 A 为起点,根据邻接表画出深度优先生成树和广度优先生成树。

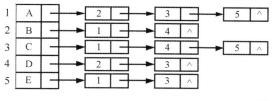

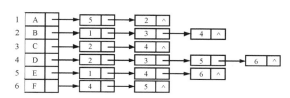

图 2-16

5. 如图 2-17 所示，以 A 为起点，按照邻接矩阵写出深度优先遍历序列，按邻接表写出广度优先遍历序列。

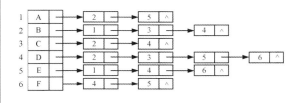

	A	B	C	D	E	F
A	0	10	∞	∞	15	∞
B	10	0	7	5	∞	∞
C	∞	7	0	8	∞	∞
D	∞	5	8	0	6	4
E	15	∞	∞	6	0	3
F	∞	∞	∞	4	3	0

图 2-17

6. 对图 2-18 所示的有向图从顶点 V1 开始进行遍历，试画出遍历得到的 DFS 生成森林和 BFS 生成森林。

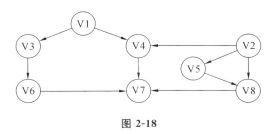

图 2-18

7. 使用克鲁斯卡尔算法构造出图 2-19 的最小生成树。（请标示出每一步构造过程）

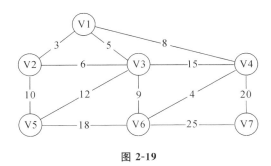

图 2-19

8. 有五个结点{A,B,C,D,E}的图的邻接矩阵如图 2-20 所示。

	A	B	C	D	E
A	0	100	30	∞	10
B	∞	0	∞	∞	∞
C	∞	60	0	20	∞
D	∞	10	∞	0	∞
E	∞	∞	∞	50	0

图 2-20

（1）基于邻接矩阵，从 A 出发，写出图的深度、广度优先遍历序列；

（2）计算图的关键路径长度。

9.有图 2-21 所示的 AOE 网：

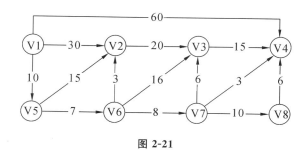

图 **2-21**

（1）有几种不同的拓扑序列？

（2）给出其关键路径。

10.试对图 2-22 所示的 AOE 网：

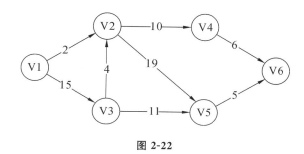

图 **2-22**

（1）求这个工程最早可能在什么时间结束；

（2）求每个活动的最早开始时间和最迟开始时间；

（3）确定哪些活动是关键活动。

顶点	ve 最早发生时间	vl 最迟发生时间	活动	e 最早开始时间	l 最迟开始时间
V1			<1，2>		
V2			<1，3>		
V3			<3，2>		
V4			<2，4>		
V5			<2，5>		
V6			<3，5>		
			<4，6>		
			<5，6>		

11. 写出求图 2-23 所示 AOE 网的关键路径的过程。要求:给出每一个事件和每一个活动的最早开始时间和最晚开始时间。

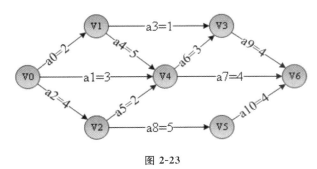

图 2-23

顶点	ve	vl	活动	e	l	l—e
V0			a0			
V1			a1			
V2			a2			
V3			a3			
V4			a4			
V5			a5			
V6			a6			
			a7			
			a8			
			a9			
			a10			

12. 有图 2-24 所示的 AOE 网:

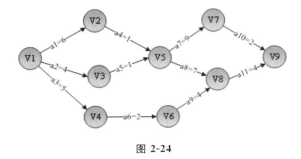

图 2-24

(1) 求各顶点代表的事件的最早和最迟发生时间;

(2) 求各条弧代表的活动的最早和最迟开始时间;

(3) 给出其关键路径。

顶点	ve	vl	活动	e	l	l—e
V1			a1			
V2			a2			
V3			a3			
V4			a4			
V5			a5			
V6			a6			
V7			a7			
V8			a8			
V9			a9			
			a10			
			a11			

五、算法设计题

```
//图的数组（邻接矩阵）表示法

typedef struct ArcCell{

    VRType adj;              //VRType 是顶点关系类型。对无权图,用 1 或 0 表示相邻否
                            //对带权图,则为权值类型
    InfoType* info;         //该弧相关信息的指针（可无）
}ArcCell,AdjMatrix[MAX_VERTEX_NUM][MAX_VERTEX_NUM];

typedef struct{

    VertexType vexs[MAX_VERTEX_NUM];        //顶点向量

    AdjMatrix arcs;                 //邻接矩阵

    int vexnum,arcnum;              //图的当前顶点数和弧数

    GraphKind kind;                 //图的种类标志
}MGraph;

//图的邻接表存储表示

typedef struct ArcNode{

    int adjvex;             // 该弧所指向的顶点的位置

    ArcNode* nextarc;       // 指向下一条弧的指针
} ArcNode; // 表结点

typedef struct VNode {

    VertexType data;            // 顶点信息

    ArcNode* firstarc;      // 第一个表结点的地址,指向第一条依附该顶点的弧的指针
}VNode,AdjList[MAX_VERTEX_NUM]; // 头结点

struct ALGraph{

    AdjList vertices;

    int vexnum,arcnum; // 图的当前顶点数和弧数

    int kind; // 图的种类标志

};
```

1.创建无向图的邻接表：

```
void CreateGraph(ALGraph &G)
{……}
```

2.邻接矩阵转化为邻接表：

```
void TranseList(MGraph G, ALGraph &L)
{……}
```

3.邻接表转换为邻接矩阵：

```
void TranseMatrix(ALGraph L, MGraph &G)
{……}
```

4.设计算法实现在有向图的邻接表中删除一条边(i,j)。

```
void deledge(ALGraph &G, int i,int j)
{……}
```

5.根据图的邻接表生成其逆邻接表，要求算法复杂度为$O(n+e)$。

```
void InvertAdjList(ALGraph gout,ALGraph &gin)
//将有向图的出度邻接表 gout 改为按入度建立的逆邻接表 gin
{……}
```

6.已知有向图的邻接表，设计算法求图中每个顶点的出度和入度。

```
void FindDegree(ALGraph G,int indegree[],int outdegree [])
{……}
```

7.一个连通图采用邻接表作为存储结构，设计一个深度优先搜索的非递归算法，从序号为 i 的顶点出发对连通图 G 进行深度优先搜索遍历。

```
void DFS(ALGraph G,int i)
{……}
```

8.从序号为 i 的顶点出发进行深度优先遍历，试写一算法，判断以邻接表方式存储的有向图中是否存在由顶点 i 到顶点 j 的路径。

提示：

在有向图中，判断顶点 Vi 和顶点 Vj 间是否有路径，可采用遍历的方法，从顶点 Vi 出发，不论是 DFS 还是 BFS，在未退出 DFS 或 BFS 前，若访问到 Vj，则说明有通路，否则无通路。

```
int exist_path_DFS(ALGraph G,int i,int j)
{……}
```

9.基于广度优先搜索策略，试写一算法，判断以邻接表方式存储的有向图中是否存在由顶点 i 到顶点 j 的路径。

```
int exist_path_BFS(ALGraph G,int i,int j)
{……}
```

10.含 n 个顶点的有向图用邻接矩阵 array 表示，下面是其拓扑排序算法，试补充完整。

注：(1)图的顶点号从 0 开始计算；(2)indegree 是有 n 个分量的一维数组，存放顶点的入度；(3)函数 crein 用于求顶点入度；(4)有三个函数 push(data)、pop( )、check( )其含义分别为数据进栈、退栈和判断栈是否空(不空返回 1,否则 0)。

```
crein(array,indegree,n)
{
    for(i=0;i< n;i++)  indegree[i]= (1)_____;
    for(i=0,i< n;i++)
```

```
        for(j=0;j< n;j++)  indegree[i]+=array[(2)_____][(3)_____];
    }
    topsort(array,indegree,n)
    {
        count=(4)_____;
        for(i=0;i< n;i++)  if((5)_____)  push(i);
        while(check( ))
        {
            vex=pop( );  printf(vex);  count++;
            for(i=0;i< n;i++)
            {
                k=array(6)_____;
                if((7)_____)  { indegree[i]--;  if((8)_____)  push(i); }
            }
        }
        if( count< n)printf("图有回路");
    }
```

7 查 找

一、单项选择题

1. 顺序查找法适合于存储结构为（ ）的线性表。

A. 散列存储   B. 顺序存储或链接存储

C. 压缩存储   D. 索引存储

2. 从 n 个结点的单链表中查找结点时,在查找成功的情况下,需平均比较（ ）个结点。

A. n   B. n/2

C. (n−1)/2   D. (n+1)/2

3. 二分查找法适用于存储结构为（ ）的,且按关键字排好序的线性表。

A. 顺序存储   B. 链接存储

C. 顺序存储和链接存储   D. 索引存储

4. 对线性表进行二分查找时,要求线性表必须（ ）。

A. 以顺序方式存储

B. 以链接方式存储

C. 以顺序方式存储,且结点按关键字有序排序

D. 以链接方式存储,且结点按关键字有序排序

5. 有一个长度为 11 的有序表,按折半查找法对该表进行查找,在表内各元素等概率情况下查找成功所需的平均比较次数为（ ）。

A. 3   B. 35/11   C. 37/11   D. 43/11

6. 有一个长度为 12 的有序表,按二分查找法对该表进行查找,在表中各元素等概率的情况下查找成功所需的平均比较次数为（ ）。

A. 35/12   B. 37/12   C. 39/12   D. 43/12

7. 对有 14 个元素的有序表 A[1···14]做二分查找,查找元素 A[4]时的被比较元素依次为(   )。

A. A[1],A[2],A[3],A[4]　　　　　　　B. A[1],A[14],A[7],A[4]

C. A[7],A[3],A[5],A[4]　　　　　　　D. A[7],A[5],A[3],A[4]

8. 设表(a1,a2,a3,…,a32)中的元素已经按递增顺序排好序,用二分法检索与一个给定的值 k 相等的元素,若 a1<k<a2,则在检索过程中比较的次数是(   )。

A. 3　　　　　　　B. 4　　　　　　　C. 5　　　　　　　D. 6

9. 有一个有序表{1,3,9,12,32,41,45,62,75,77,82,95,100},当二分查找值为 82 的结点时,(   )次比较后查找成功。

A. 1　　　　　　　B. 2　　　　　　　C. 4　　　　　　　D. 8

10. 在顺序表(3,6,8,10,12,15,16,18,21,25,30)中,用二分法查找关键码值11,所需的关键码比较次数为(   )。

A. 2　　　　　　　B. 3　　　　　　　C. 4　　　　　　　D. 5

11. 折半查找有序表(4,6,10,12,20,30,50,70,88,100)。若查找表中元素58,则它将依次与表中(   )比较大小,查找结果是失败。

A. 20,70,30,50　　　　　　　B. 30,88,70,50

C. 20,50　　　　　　　D. 30,88,50

12. 用二分查找法对具有 n 个结点的线性表查找一个结点所需的平均比较次数为(   )。

A. $O(n^2)$　　　　B. $O(n\log_2 n)$　　　　C. $O(n)$　　　　D. $O(\log_2 n)$

13. 设平衡的二叉排序树(AVL 树)的结点数为 n,则其平均检索长度为(   )。

A. $O(1)$　　　　B. $O(\log_2 n)$　　　　C. $O(n)$　　　　D. $n\log_2 n$

14. 折半搜索与二叉排序树的时间性能(   )。

A. 相同　　　　　　　B. 完全不同

C. 有时不相同　　　　　　　D. 数量级都是 $O(\log_2 n)$

15. 采用分块查找时,若线性表中共有 625 个元素,查找每个元素的概率相同,假设采用顺序查找来确定结点所在的块时,每块应分(   )个结点最佳。

A. 10　　　　　　　B. 25　　　　　　　C. 6　　　　　　　D. 625

16. 某索引顺序表共有元素 395 个,平均分成 5 块。若先对索引表采用顺序查找,再对块中元素进行顺序查找,则在等概率情况下,分块查找成功的平均查找长度是(   )。

A. 43　　　　　　　B. 79　　　　　　　C. 198　　　　　　　D. 200

17. 设散列表的存储空间大小为 19,所用散列函数为 H(key)=key mod 19,用开放定址法线性探测再散列解决冲突。散列表的当前状态如下:

0	1	2	3	4	5	6	7	8	9	10	11	12	13	14	15	16	17	18
190				194				768	559			582	393					208

现要将关键码值 75 插入该散列表中,其地址为(   )。

A. 1　　　　　　　B. 11　　　　　　　C. 5　　　　　　　D. 15

18.设某散列表的当前状态如下：

0	1	2	3	4	5	6	7	8	9	10	11	12	13	14	15	16	17	18
190	75			194				768	559			582	393					208

该散列表的装填因子约为（　　　）。

A.0.27　　　　　　　B.0.42　　　　　　　C.0.58　　　　　　　D.0.73

19.设有一个用线性探测法得到的散列表，散列函数为 H(k)＝k mod 11，若要查找元素 14，探测的次数是（　　　）。

0	1	2	3	4	5	6	7	8	9	10
		13	25	80	16	17	6	14		

A.8　　　　　　　　　B.9　　　　　　　　　C.3　　　　　　　　　D.6

20.设哈希表 m＝14，哈希函数 H(key)＝key％11，表中已有 4 个结点：addr(15)＝4，addr(38)＝5，addr(61)＝6，addr(84)＝7，如用二次探测再散列处理冲突，关键字为 49 的结点的地址是（　　　）。

A.8　　　　　　　　　B.3　　　　　　　　　C.5　　　　　　　　　D.9

21.设散列函数为 H(k)＝k mod 7，现欲将关键码 23,14,9,6,30,12,18 依次散列于地址 0～6 中，用线性探测法解决冲突，则在地址空间 0～6 中，得到的散列表是（　　　）。

A.14,6,23,9,18,30,12　　　　　　　　B.14,18,23,9,30,12,6

C.14,12,9,23,30,18,6　　　　　　　　D.6,23,30,14,18,12,9

22.对包含 n 个元素的散列表进行检索，平均检索长度为（　　　）。

A.O(log₂ n)　　　　　B.O(n)　　　　　　　C.O(n log₂ n)　　　　　D. 不直接依赖于 n

23.下面关于哈希查找的说法，正确的是（　　　）。

A. 哈希函数构造的越复杂越好，因为这样随机性好，冲突小

B. 除留余数法是所有哈希函数中最好的

C. 不存在特别好与坏的哈希函数，要视情况而定

D. 哈希表的平均查找长度有时也和记录总数有关

24.采用线性探测法处理冲突，可能要探测多个位置，在查找成功的情况下，所探测的这些位置上的关键字（　　　）。

A. 不一定都是同义词　　　　　　　　　B. 一定都是同义词

C. 一定都不是同义词　　　　　　　　　D. 都相同

25.散列的平均查找长度（　　　）。

A. 与处理冲突方法有关而与表的长度无关

B. 与处理冲突方法无关而与表的长度有关

C. 与处理冲突方法有关且与表的长度有关

D. 与处理冲突方法无关且与表的长度无关

26.m 阶 B-树是一棵（　　　）。

A.m 叉排序树　　　　　　　　　　　　B.m 叉平衡排序树

C.m－1 叉平衡排序树　　　　　　　　　D.m＋1 叉平衡排序树

27.把右下图二叉树调整为平衡二叉树 AVL 后的结果是(　　　)。

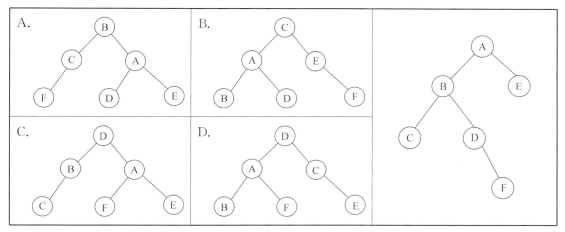

二、填空题

1.对 n 个元素的表做顺序查找时,若查找每个元素的概率相同,则查找成功的平均查找长度为(　　　);当使用监视哨时,若查找失败,则比较关键字的次数为(　　　)。

2.假如有 31 个有序数据元素表,查找每个数据的概率相等,用折半查找算法,则查找成功的平均查找长度为(　　　)。

3.顺序输入序列 25,30,8,5,1,27,24,26,10,21,9,28,7,13,15。假定每个结点的查找概率相同。若用顺序存储方式组织该数列,则查找一个数成功的平均比较次数为(　　　)。若用二叉排序树结构组织该数列,则查找一个数成功的平均比较次数为(　　　)。

4.假设在有序线性表 A[1…20]上进行二分查找,则比较一次查找成功的结点数为(　　　),比较 2 次查找成功的结点数为(　　　),比较 3 次查找成功的结点数为(　　　),比较 4 次查找成功的结点数为(　　　),比较 5 次查找成功的结点数为(　　　),平均查找长度为(　　　)。

5.设有 100 个结点,用二分法查找时,最大比较次数是(　　　)。

6.有序表包含 16 个数据,顺序组织。若采用二分查找方法,则在等概率情况下,查找成功时的 ASL 值是(　　　),查找失败时的 ASL 值是(　　　)。

7.设一线性表中有 500 个元素按递增顺序排列,则用二分法查找给定值 K,最多需要比较(　　　)次。

8.在顺序表(8,11,15,19,25,26,30,33,42,48,50)中,用二分(折半)法查找关键码值 20,需做的关键码比较次数为(　　　)。

9.在顺序表(3,6,8,10,12,15,16,18,21,25,30)中,用二分法查找关键码值 17 所需的关键码比较次数为(　　　)。

10.用二分法检索表(a1,a2,a3,…,a17),需要比较 2 次才能找到的元素是(　　　)。

11.在一棵二叉排序树中,按(　　　)序遍历得到的结点序列是有序序列。

12.高度为 8 的平衡二叉树的结点数至少有(　　　)个。

13.在各种查找法中,平均查找长度与结点个数 n 无关的查找方法是(　　　)。

14.T 为一散列表,H 为对应的散列函数,对两个不同的关键码值 k1 和 k2,k1 和 k2 互为同义词的概念是指(　　　)。

15.已知一组关键字为(26,36,41,38,44,15,68,12,06,51,25,11),假设装填因子 α=0.75,散列函数的形式为 H(K)=K MOD P,P=（　　）。

16.设散列函数 H(k)＝k mod 7,散列表的当前状态如下：

0	1	2	3	4	5	6
14		23	9	30	12	6

将关键码 18 插入该散列表中,用线性探测法解决冲突,需要探测的地址个数是（　　）。

17.在散列存储中,装填因子 α 的值越大,则存取元素时发生冲突的可能性就越（　　）,平均查找程度越（　　）;α 的值越小,则存取元素时发生冲突的可能性就越（　　）,平均查找程度越（　　）。

18.在一个 10 阶 B-树上,每个非树根结点所含的关键字数目最多允许为（　　）个,最少允许为（　　）个。

三、综合题

1.给定关键字序列(46,25,78,62,12,80),构造二叉排序树并求在等概率情况下查找成功时的平均查找长度。

2.画出对长度为 10 的有序表进行折半查找的判定树,并计算出在等概率的情况下查找成功的平均查找长度和不成功的平均查找长度。

3.假定对有序表(3,4,5,7,24,30,42,54,63,72,87,95)进行折半查找,试回答下列问题：

（1）画出描述折半查找过程的判定树;

（2）若查找元素 54,需依次与哪些元素比较?

（3）分别求等概率情况下查找成功和不成功的平均查找长度。

4.对有序表(31,34,45,57,64,70,72,84,88,91,97,105,124)折半查找,要求：

（1）画出描述折半查找过程的判定树;

（2）若查找元素 91,需依次与哪些元素比较?

（3）若查找元素 30,需依次与哪些元素比较?

（4）分别求等概率情况下查找成功和不成功时的平均查找长度。

5.给定关键字序列(5,4,8,1,9,7,6,2,12,11,10,3)。

（1）按序列顺序构造一棵初始为空的二叉排序树,画出二叉排序树,并求其在等概率的情况下查找成功的平均查找长度。

（2）若先对关键字序列进行排序,求在等概率的情况下进行折半查找时查找成功的平均查找长度。

（3）按关键字序列顺序构造一棵平衡二叉排序树,并求其在等概率的情况下查找成功的平均查找长度。

6.对图 2-25 所示的 3 阶 B-树依次执行下列操作,画出各步操作的结果。

（1）插入 90;

（2）插入 25;

（3）插入 45;

（4）删除 60;

（5）删除 80。

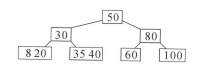

图 2-25

7. 对关键字{30,15,21,40,25,26,36,37}建立 Hash 表。装填因子为 0.8,采用线性探测再散列方法解决冲突。

（1）用除留余数法设计哈希函数；

（2）画出哈希表；

（3）计算查找成功和查找失败的平均查找长度。

8. 给定序列(26,25,20,33,21,24,45,204,42,38,29,31),要用散列法进行存储,散列函数采用除留余数法 H(K)＝K MOD P,用线性探测法解决冲突,装填因子为 0.6。

（1）设计哈希函数；

（2）画出哈希表；

（3）计算等概率情况下查找成功和失败的平均查找长度。

9. 给定关键字序列(32,13,49,55,22,39,20),哈希函数为 H(key)＝key%7,使用链地址法解决冲突。请构造表长为 7 的哈希表并求其在等概率情况下查找成功时的平均查找长度。

10. 已知一组关键字为(19、14、23、1、68、20、84、27、55、11、10、79),按哈希函数 H(key)＝key MOD 13 和线性探测处理冲突构造哈希表 HT[0…15],并计算出在记录查找概率相等的前提下的平均查找长度。

11. 设有一组关键字{9,01,23,14,55,20,84,27},采用哈希函数 H(key)＝key mod 7,表长为 10,用以下公式探测再散列 Hi＝(H(key)＋di)mod 10 (di＝$1^2,2^2,3^2,\cdots,$)解决冲突。

要求:对该关键字序列构造哈希表,并计算查找成功的平均查找长度。

12. 设哈希函数 H(K)＝3 K mod 11,哈希地址空间为 0～10,对关键字序列(32,13,49,24,38,21,4,12),按下述两种解决冲突的方法构造哈希表,并分别求出等概率下查找成功时和查找失败时的平均查找长度 ASL_{succ} 和 ASL_{unsucc}。

（1）线性探测法；

（2）链地址法。

13. 已知数据记录{25,16,38,47,79,82,51,39,89,151,231},用下列三种方法对数据进行查找,并计算成功查找的平均查找长度 ASL。

（1）已知散列表的地址空间为 A[0…11],散列函数 H(k)＝k mod 11,采用线性探测法处理冲突,并计算出在等概率情况下查找成功时的平均查找长度。

（2）画出二叉排序树,并计算其成功查找的平均查找的查找长度 ASL。

（3）画出二分查找的判定树,并计算成功查找的平均查找长度 ASL。

14. 设散列表为 HT[0…12],即表的大小为 m＝13。现采用双散列法解决冲突。散列函数和再散列函数分别为:

H_0(key)＝key % 13;　　　注:%是求余数运算(＝mod)

H_i＝(H_{i-1}＋REV(key＋1)%11＋1) % 13;　i＝1,2,3,…,m−1

其中,函数 REV(x)表示颠倒 10 进制数 x 的各位,如 REV(37)＝73,REV(7)＝7 等。若插入的关键码序列为(2,8,31,20,19,18,53,27)。

（1）画出插入这 8 个关键码后的散列表；

（2）计算搜索成功的平均搜索长度 ASL。

8 排　序

一、单项选择题

1. 从未排序序列中依次取出元素与已排序序列中的元素进行比较,将其放入已排序序列的正确位置上,这种排序方法称为(　　)。

A. 归并排序　　　　B. 冒泡排序　　　　C. 插入排序　　　　D. 选择排序

2. 用直接插入排序法对下面四个待排序列进行(由小到大)排序,比较次数最少的是(　　)。

A.(94,32,40,90,80,46,21,69)　　　　B.(21,32,46,40,80,69,90,94)

C.(32,40,21,46,69,94,90,80)　　　　D.(90,69,80,46,21,32,94,40)

3. 用折半插入排序方法进行排序,被排序的表(或序列)应采用的数据结构是(　　)。

A. 单链表　　　　B. 数组　　　　C. 双向链表　　　　D. 散列表

4. 设有关键码序列(16,9,4,25,15,2,13,18,17,5,8,24),要按关键码值递增的次序排序,采用初始增量为 4 的希尔排序法,一趟扫描后的结果为(　　)。

A.(15,2,4,18,16,5,8,24,17,9,13,25)　　B.(2,9,4,25,15,16,13,18,17,5,8,24)

C.(9,4,16,15,2,13,18,17,5,8,24,25)　　D.(9,16,4,25,2,15,13,18,5,17,8,24)

5. 对初始数据序列{8,3,9,11,2,1,4,7,5,10,6}进行希尔排序。若第一趟排序结果为{1,3,7,5,2,6,4,9,11,10,8},第二趟排序结果为{1,2,6,4,3,7,5,8,11,10,9},则两趟排序采用的增量分别是(　　)。

A.3,1　　　　B.3,2　　　　C.5,2　　　　D.5,3

6. 用冒泡排序算法对下列数据 12,37,42,19,27,35,56,44,10 进行从小到大排序,在将最大的数"沉"到最后时,数的顺序是(　　)。

A.12,37,42,19,27,35,44,10,56　　　　B.12,37,42,19,27,35,10,44,56

C.12,37,19,27,35,42,44,10,56　　　　D.10,12,19,27,35,37,42,44,56

7. 具有 12 个记录的序列,采用冒泡排序,最少的比较次数是(　　)。

A.1　　　　B.144　　　　C.11　　　　D.66

8. 对 n 个不同的排序码进行冒泡排序,在元素无序的情况下比较的次数最多为(　　)。

A.n+1　　　　B.n　　　　C.n−1　　　　D.n(n−1)/2

9. 在待排序的元素序列基本有序的前提下,效率最高的排序方法是(　　)。

A. 插入排序　　　　B. 选择排序　　　　C. 快速排序　　　　D. 归并排序

10. 设待排序关键码序列为(25、18、9、33、67、82、53、95、12、70),要按关键码值递增的顺序排序,采取以第一个关键码为分界元素的快速排序法,第一趟排序完成后关键码 33 被放到了第几个位置(　　)。

A.3　　　　B.5　　　　C.7　　　　D.9

11. 在快速排序过程中,每次划分,将被划分的表(或子表)分成左、右两个子表,考虑这两个子表,下列结论一定正确的是(　　)。

A. 左、右两个子表都已各自排好序

B. 左边子表中的元素都不大于右边子表中的元素

C. 左边子表的长度小于右边子表的长度

D. 左、右两个子表中元素的平均值相等

12. 快速排序在最坏情况下的时间复杂度为(　　　)。

A. O(log₂n)　　　　　　B. O(nlog₂n)　　　　　　C. O(n)　　　　　　D. O(n²)

13. 快速排序方法在被排序的数据(　　　)情况下最不利于发挥其长处。

A. 数据量太大　　　B. 含有多个相同值　　　C. 已基本有序　　　D. 数目为奇数

14. 快速排序在下列(　　　)情况下最易发挥其长处。

A. 被排序的数据中含有多个相同排序码

B. 被排序的数据已基本有序

C. 被排序的数据完全无序

D. 被排序的数据中的最大值和最小值相差悬殊

15. 以下关键字序列用快速排序法进行排序，速度最慢的是(　　　)。

A. {23,27,7,19,11,25,32}　　　　　　B. {23,11,19,32,27,35,7}

C. {7,11,19,23,25,27,32}　　　　　　D. {27,25,32,19,23,7,11}

16. 对下列关键字序列用快速排序法进行排序时，速度最快的情形是(　　　)。

A. {21,25,5,17,9,23,30}　　　　　　B. {25,23,30,17,21,5,9}

C. {21,9,17,30,25,23,5}　　　　　　D. {5,9,17,21,23,25,30}

17. 一组记录的排序码为(46,79,56,38,40,84)，则利用快速排序的方法，以第一个记录为基准得到的一次划分结果为(　　　)。

A. 38,40,46,56,79,84　　　　　　B. 40,38,46,79,56,84

C. 40,38,46,56,79,84　　　　　　D. 40,38,46,84,56,79

18. 从未排序序列中挑选元素，并将其依次放入已排序序列(初始时为空)的一端的方法，称为(　　　)。

A. 归并排序　　　B. 冒泡排序　　　C. 插入排序　　　D. 选择排序

19. 对给出的一组关键字{14,5,19,20,11,19}，若按关键字非递减排序，第一趟排序结果为{14,5,19,20,11,19}，问采用的排序算法是(　　　)。

A. 简单选择排序　　　B. 快速排序　　　C. 希尔排序　　　D. 二路归并排序

20. 要以时间复杂度 O(nlogn) 进行稳定的排序，可用的排序方法是(　　　)。

A. 归并排序　　　B. 快速排序　　　C. 堆排序　　　D. 冒泡排序

21. 堆是一种(　　　)排序。

A. 插入　　　B. 选择　　　C. 交换　　　D. 归并

22. 堆的形状是一棵(　　　)。

A. 完全二叉树　　　B. 满二叉树　　　C. 二叉排序树　　　D. 平衡二叉树

23. 下列关键码序列中(　　　)是一个堆。

A. {15,30,22,93,52,71}　　　　　　B. {15,71,30,22,93,52}

C. {15,52,22,93,30,71}　　　　　　D. {93,30,52,22,15,71}

24. 下列关键字序列中(　　　)是堆。

A. 16,72,31,23,94,53　　　　　　B. 94,23,31,72,16,53

C. 16,53,23,94,31,72　　　　　　D. 16,23,53,31,94,72

25. 下列四个序列中，哪一个是堆(　　　)。

A. 75,65,30,15,25,45,20,10   B. 75,65,45,10,30,25,20,15

C. 75,45,65,30,15,25,20,10   D. 75,45,65,10,25,30,20,15

26. 一组记录的排序码为(46,79,56,38,40,84)，则利用堆排序的方法建立的初始堆为（   ）。

A. 79,46,56,38,40,84   B. 84,79,56,38,40,46

C. 84,79,56,46,40,38   D. 84,56,79,40,46,38

27. 对一组记录的关键码{46,79,56,38,40,84}采用堆排序，则初始化大顶堆后最后一个元素是（   ）。

A. 84   B. 46   C. 56   D. 38

28. 对 n 个记录进行堆排序，最坏情况下的执行时间为（   ）。

A. $O(\log_2 n)$ B. $O(n)$ C. $O(n\log_2 n)$ D. $O(n^2)$

29. 设有 1000 个无序的元素，希望用最快的速度挑选出其中 10 个最大的元素，最好的方法是（   ）。

A. 冒泡排序   B. 快速排序   C. 堆排序   D. 基数排序

30. 设有关键码序列(Q、G、M、Z、A、N、B、P、X、H、Y、S、T、L、K、E)，采用二路归并排序法进行排序，下面哪一个序列是第二趟归并后的结果（   ）。

A. G、Q、M、Z、A、N、B、P、H、X、S、Y、L、T、E、K

B. G、M|、Q、Z、A、B、N、P、H、S、X、Y、E、K、L、T

C. G、M、Q、A、N、B、P、X、H、Y、S、T、L、K、E、Z

D. A、B、G|、M、N、P、Q、Z、E、H、K、L、S、T、X、Y

31. 用归并排序方法，最坏情况下所需时间为（   ）。

A. $O(n)$ B. $O(n^2)$ C. $O(n\log_2 n)$ D. $O(n\log_2 n)$

32. 归并排序中，归并的趟数是（   ）。

A. $O(n)$ B. $O(\log n)$ C. $O(n\log n)$ D. $O(n*n)$

33. 下面四种排序方法中要求内存容量最大的是（   ）。

A. 插入排序   B. 选择排序   C. 快速排序   D. 归并排序

34. 若待排序列已基本有序，从关键码比较次数和移动次数考虑，应当使用的排序方法是（   ）。

A. 归并排序   B. 直接插入排序   C. 直接选择排序   D. 快速排序

35. 下列排序算法中（   ）不能保证每趟排序至少能将一个元素放到其最终的位置上。

A. 快速排序   B. 希尔排序   C. 堆排序   D. 冒泡排序

36. 下列排序方法中，哪一个是稳定的排序方法（   ）。

A. 希尔排序   B. 直接选择排序   C. 堆排序   D. 冒泡排序

37. 下列排序算法中，其中（   ）是稳定的。

A. 堆排序，冒泡排序   B. 快速排序，堆排序

C. 直接选择排序，归并排序   D. 归并排序，冒泡排序

38. 就排序算法所用的辅助空间而言，堆排序、快速排序、归并排序的关系是（   ）。

A. 堆排序<快速排序<归并排序   B. 堆排序<归并排序<快速排序

C. 堆排序>归并排序>快速排序   D. 堆排序>快速排序>归并排序

二、填空题

1.直接插入排序在最好情况下需要进行关键字比较次数为（　　），最坏情况下需要进行关键字比较次数为（　　）。

2.对一组记录(54,38,96,23,15,2,60,45,83)进行直接插入排序,当把第 7 个记录 60 插入有序表时,需比较（　　）次。

3.对 n 个元素进行冒泡排序时,最少的比较次数是（　　）。

4.将两个各有 n 个元素的有序表归并成一个有序表,其最少比较次数是（　　）次。

5.设有 9 个元素的关键字序列为{26,5,71,1,61,11,59,15,48},按堆排序思想选出当前序列的最大值 71 和 61 之后,所余 7 个元素的关键字构成的堆是（　　）。

6.设有 9 个元素的关键字序列为{26,5,71,1,61,11,59,15,48},快速排序一次划分后的结果是（　　）。

7.在插入排序、希尔排序、选择排序、快速排序、堆排序、归并排序和基数排序中,排序是不稳定的有（　　）。

8.分别采用堆排序、快速排序、冒泡排序和归并排序,对初态有序的表,则最省时间的是（　　）算法,最费时间的是（　　）算法。

9.在堆排序、快速排序和归并排序中,若从存储空间考虑,则应首先选取（　　）方法,其次选取（　　）方法,最后选取（　　）方法;若只从排序结果的稳定性考虑,则应选取（　　）方法;若从平均情况下排序最快考虑,则应选取（　　）方法;若从最坏情况下排序最快并且要节省内存考虑,则应选取（　　）方法。

10.堆排序的时间复杂度 T(n)＝（　　）,空间复杂度 S(n)＝（　　）。

11.假定在待排序的记录序列中,存在多个具有相同的关键字的记录,若经过排序,这些记录的相对次序保持不变,则称这种排序算法是（　　）的。

12.全国有 10000 人参加物理竞赛,只录取成绩优异的前 10 名,并将他们从高分到低分输出。而对落选的其他考生,不需排出名次,问此种情况下,用（　　）排序方法速度最快?为什么?

13.下面程序采用快速排序算法对数组按从小到大排序,将空白处填写完整。

```
int Partion(int a[],int low,int high)
{        (1)
    while(low<high)
    {    while(low<high&&a[high]>=temp) high--;
            (2)
        while(low<high&&a[low]<=temp) low++;
            (3)
    }
    a[low]=temp;
    return      (4)
}
void QSort(int a[],int low,int high)
{    int pivotloc;
    if(low>=high) return;
```

```
pivotloc=Partion(a,low,high);
QSort(a,low,pivotloc-1);          (5)
}
```

三、综合题

1.设一数组中原有数据如下:15,13,20,18,12,60。下面是一些常用排序方法进行一遍排序后的结果,请分别说明排序方法。

（   ）的结果为:12,13,15,18,20,60。

（   ）的结果为:13,15,18,12,20,60。

（   ）的结果为:13,15,20,18,12,60。

（   ）的结果为:15,18,20,13,12,60。

2.对关键字序列(265,301,751,129,937,863,742,694,76,438),按从小到大的顺序分别写出直接插入排序、快速排序、堆排序的前两趟结果。

3.已知关键字序列(55,63,44,38,75,80,31,56),用下列排序方法对数据进行排序:

（1）请写出用直接选择排序方法升序排列该序列一趟后的结果;

（2）请写出用快速排序方法升序排列该序列一趟后的结果;

（3）请写出用堆排序进行升序排列时的初始堆。

4.已知关键字序列(40,35,61,87,72,16,25,50)。

（1）写出用快速排序方法升序排列该序列一趟后的结果;

（2）写出用堆排序进行升序排列时的初始堆;

（3）写出堆排序1趟以后(交换与调整之后)的结果;

（4）写出1趟冒泡排序后的结果;

（5）写出1趟归并排序后的结果。

5.写出用快速排序方法对线性表(25,84,21,47,15,27,68,35,20)进行升序排序的每一趟结果。

6.给出一组关键字 3,5,2,1,4,按从小到大排序。

（1）写出直接插入排序前两趟的结果;

（2）写出快速排序一次划分后的结果;

（3）先写出建成一个大顶堆的结果;然后写出将堆顶元素交换到最后,调整成堆的结果。

7.给出一组关键字 5,7,6,3,4,8,按从小到大排序。

（1）写出快速排序一次划分后的结果;

（2）写出建成一个大顶堆的结果。

8.设待排序的关键字序列为{12,2,16,30,28,10,16 * ,20,6,18},试分别写出使用以下排序方法,每趟排序结束后关键字序列的状态。

（1）直接插入排序;

（2）希尔排序(增量选取 5,3,1);

（3）冒泡排序;

（4）快速排序;

（5）简单选择排序;

（6）堆排序。

9.已知数据记录 44,55,12,42,94,18,6,67,请用下列排序方法对数据进行排序：

（1）希尔排序（增量选取 5,3,1）；

（2）写出快速排序每一趟的排序结果；

（3）写出归并排序每一趟的排序结果；

（4）写出堆排序前三趟的排序结果。

10.设待排序序列为{19,23,47,30,26,7,14,10},请用下列三种方法对数据进行排序，并写出前三趟的排序结果。

（1）快速排序；

（2）希尔排序（增量选取 3,2,1）；

（3）直接选择排序。

11.给出一组关键字 T=(12,2,16,30,8,28,4,10,20,6,18),写出用下列算法从小到大排序时第一趟结束时的序列。

（1）希尔排序（第一趟排序的增量为5）；

（2）快速排序（选第一个记录为枢轴（分隔））；

（3）链式基数排序（基数为10）。

9 参 考 答 案

1 绪论

一、单项选择题

1.C 2.D 3.C 4.D 5.C 6.C 7.B 8.D 9.A 10.D 11.C 12.B 13.A 14.B 15.C 16.B 17.D 18.C 19.D 20.A 21.D

二、填空题

1.操作对象、关系、运算　2.数据元素、关系　3.逻辑结构、存储结构、运算（操作）

4.线性结构、非线性结构　5.线性结构、树形结构、图形结构、非线性结构

6.顺序存储结构、链式存储结构　　7.一对一、一对多、多对多

8.数据元素、整体　9.数据项　10.没有、1、没有、1

11.前驱、1、后继、任意多个　12.任意多个　13.插入、删除、修改、查找、排序

14.时间复杂度、空间复杂度　15.规模　16.(n−1)(n−2)/2

17.$O(n)$、$O(n)$、$O(n)$、$O(1)$、$O(n^2)$、$O(n^2)$、$O(m*n)$、$O(1)$、$O(\log_2 n)$、$O(\log_3 n)$、$O(\sqrt{n})$、$O(n^2)$、$O(\sqrt{n})$、$O(\sqrt{n})$、$O(n)$

2 线性表

一、单项选择题

1.C 2.A 3.A 4.B 5.B 6.D 7.B 8.A 9.A 10.D 11.A 12.A 13.C 14.B 15.B 16.A 17.B 18.B 19.C 20.B 21.C 22.D 23.D 24.A 25.C 26.B 27.B 28.B 29.A 30.D 31.D 32.C 33.D 34.A 35.C 36.D 37.A

二、填空题

1.一定、不一定　2.顺序、链式　3.n−i+1　4.n−i　5.$O(n)$、$O(1)$　6.$O(1)$、$O(n)$

7. n/2、(n－1)/2   8. (n＋1)/2   9. 前驱

10. L－＞next＝＝NULL

11. O(1)、O(n)   12. O(1)、O(n)   13. O(m)

14. s－＞next＝p－＞next； p－＞next＝s；

15. s－＞next＝L；L＝s； 16.4   17. q－＞prior＝p

18.（1）对带头结点的链表,在表的任何结点之前插入结点或删除表中任何结点,所要做的都是修改前一结点的指针域。若链表没有头结点,则首元素结点没有前驱结点,在其前插入结点或删除该结点时操作会复杂些。（2）对带头结点的链表,表头指针是指向头结点的非空指针,因此空表与非空表的处理是一样的。

三、算法设计题

1. 参考答案:

```
typedef struct
{
    ElemType* elem; // 存储空间基址
    int length; // 当前长度
    int listsize; // 当前分配的存储容量(以 sizeof(ElemType)为单位)
}SqList;
void Fun1(SqList &L,ElemType x)
{
    if(L.length>=L.listsize)
    {
        newbase=(ElemType*)realloc(L.elem,(L.listsize+ LISTINCREMENT)* sizeof
(ElemType));
        if(!newbase) exit(OVERFLOW);
        L.elem=newbase;
        L.listsize+=LISTINCREMENT;
    }
    i=L.length-1;
    while(i>=0&&L.elem[i]<x)
    {
        L.elem[i+1]=L.elem[i];
        i--;
    }
    L.elem[i+1]=x;
    L.length++;
}
```

2. 参考答案:

```
void Fun2(SqList &L,ElemType x)
{
    int i=0,j=0;
    while(i<L.length)
    {
```

```
            if(L.elem[i]!=x)
            {
                L.elem[j]=L.elem[i];
                j++;
            }
            i++;
        }
        L.length=j;
    }
```

3. 参考答案：

```
    void Fun3(SqList &L,ElemType x,ElemType y)
    {
        i=0;j=0;
        while(i<L.length)
        {
            if(L.elem[i]<=x||L.elem[i]>=y)
            {
                L.elem[j]=L.elem[i];
                j++;
            }
            i++;
        }
        L.length=j;
    }
```

4. 参考答案：

```
    void Fun4(SqList &L)
    {
        if(L.length<=0) return;
        int i,j;
        j=1;
        for(i=1;i<L.length;i++)
        {
            if(L.elem[i]!=L.elem[j-1])
            {
                L.elem[j]=L.elem[i];
                j++;
            }
        }
        L.length=j;
    }
```

5. 参考答案：

```
    void Delete(SqList &A,SqList B,SqList C)
    {
```

```
        int pi=0,i=0,j=0,k=0;
        while(i<A.length && j<B.length && k<C.length)
        {
            if(B.elem[j]==C.elem[k])
            {
                while(i<A.length && A.elem[i]<B.elem[j])
                {
                    A.elem[pi]=A.elem[i];
                    pi++;
                    i++;
                }
                if(i<A.length && A.elem[i]==B.elem[j])
                {
                    i++;j++;k++;
                }
            }
            else if(B.elem[j]>C.elem[k])
                k++;
            else j++;
        }
        while(i<A.length)
        {
            A.elem[pi]=A.elem[i];
            pi++;
            i++;
        }
        A.length=pi;
    }
```

6. 参考答案：

```
    void Fun6(SqList &L)
    {
    int i=0,j=L.length-1;
    ElemType t;
    while(i<j)
    {
        while(i<j&&L.elem[i]<0)  i++;
        while(i<j&&L.elem[j]>=0) j--;
        if(i<j)
        {
            t=L.elem[i];
            L.elem[i]=L.elem[j];
            L.elem[j]=t;
            i++;j--;
```

```
            }
        }
    }
```

7. 参考答案：

```
void Merge(SqList A,SqList &B)
{
    int i,j,k;
    i=A.length-1;
    j=B.length-1;
    B.length =A.length+B.length;
    k=B.length-1;
    while(i>=0&&j>=0)
    {
        if(A.elem[i]>=B.elem[j])
        { B.elem[k]=A.elem[i]; i--;k--;}
        else
        { B.elem[k]=B.elem[j]; j--;k--;}
    }
    while(i>=0)
    { B.elem[k]=A.elem[i]; i--; k--;}
    while(j>=0)
    { B.elem[k]=B.elem[j]; j--; k--;}
}
```

8. 参考答案：

```
typedef struct LNode
{
    ElemType data;
    struct LNode* next;
}LNode,* LinkList;
void InvertLinkList(LinkList &L)
{//逆置头指针 L 所指单链表
    LinkList s, p=L->next;
    L->next=NULL;//设逆置后的链表的初态为空表
    while(p){//p 为待逆置链表的头指针
        s=p;p=p->next;
        s->next=L->next;
        L->next=s;   //将 s 结点插入逆置表的表头
    }
}
```

9. 参考答案：

```
void Fun9(LinkList &head,ElemType x) //带头结点
{
    LinkList p=head,q;
```

```
        while(p->next)
        {
            if(p->next->data==x)
            {
                q=p->next;
                p->next=q->next;
                free(q);
            }
            else p=p->next;
        }
    }
```

10. **参考答案：**

```
    void Fun10(LinkList &head,int i,int len)//带头结点
    {
        if(i<=0) return;
        int j=0;
        LinkList p=head,q;
        while(p->next&&j<i-1)
        {
            j++;
            p=p->next;
        }
        if(p->next==NULL) return;
        j=0;
        while(p->next&&j<len)
        {
            q=p->next;
            p->next=q->next;
            free(q);
            j++;
        }
    }
```

11. **参考答案：**

```
    void Fun11(LinkList &L,ElemType mink,ElemType maxk)
    {
        LinkList pre,p,q,s;
        pre=L; p=L->next;//*pre 为*p 的前驱结点
        while(p!=NULL&&p->data<=mink)
        {
            pre=p;
            p=p->next;
        }
        if(p)
```

```
        {
            while (p && p->data<maxk)  p=p->next;// 查找第一个值 ≥maxk 的结点
            q=pre->next;pre->next=p;   // 修改指针
            while (q!=p)
            { s=q->next;  free(q);  q=s; } // 释放结点空间
        }
    }
```

12. 参考答案：

```
    void Fun12(LinkList &head)//带头结点
    {
        if(head->next==NULL) return;
        LinkList p,q;
        p=head;
        q=p->next;
        while(q->next!=NULL)
        {
            if(q->next->data<p->next->data)
                p=q;
            q=q->next;
        }
        q=p->next;
        p->next=q->next;
        free(q);
    }
```

13. 参考答案：

```
    void Fun13(LinkList &head)//带头结点
    {
        LinkList p=head->next,q,r;
        while(p!=NULL && p->next!=NULL)
        {
            q=p; r=p->next;
            while(r!=NULL)
            {
                if(p->data ==r->data )
                {
                    q->next=r->next;
                    free( r );
                    r=q->next;
                }
                else
                {
                    q=r;
                    r=r->next;
```

```
            }
        }
        p=p->next;
    }
}
```

14. 参考答案：

```
void MergeList(LinkList La,LinkList &Lb,LinkList &Lc)
{
    LinkList pa=La->next,pb=Lb->next,pc,f;
    Lc=pc=La; // 用 La 的头结点作为 Lc 的头结点
    while(pa&&pb)
        if(pa->data<=pb->data)
        {
            if(pa->data==pb->data)
            {
                f=pb;
                pb=pb->next;
                free(f);
            }
            pc->next=pa;
            pc=pa;
            pa=pa->next;

        }
        else
        {
            pc->next=pb;
            pc=pb;
            pb=pb->next;
        }
    pc->next=pa? pa:pb; // 插入剩余段
    free(Lb); // 释放 Lb 的头结点
}
```

15. 参考答案：

```
void MergeList(LinkList La,LinkList &Lb,LinkList &Lc)
{
    LinkList pa=La->next,pb=Lb->next,r;
    Lc=La; // 用 La 的头结点作为 Lc 的头结点
    Lc->next=NULL;
    while(pa&&pb)
        if(pa->data<=pb->data)
        {
            r=pa->next;
```

```
            pa->next=Lc->next;
            Lc->next=pa;
            pa=r;
        }
        else
        {
            r=pb->next;
            pb->next=Lc->next;
            Lc->next=pb;
            pb=r;
        }
        while(pa)
        {
            r=pa->next;
            pa->next=Lc->next;
            Lc->next=pa;
            pa=r;
        }
        while(pb)
        {
            r=pb->next;
                pb->next=Lc->next;
            Lc->next=pb;
            pb=r;
        }
        free(Lb);
    }
```

16. 参考答案：

```
    int Fun161(LinkList &head,int x) //带头结点
    {
        if(head->next==NULL) return 0;
        LinkList p=head->next;
        if(p->data<=x) return 0;
        int c=1;
        while(p->next&&p->next->data>x)
        {
            if(p->next->data!=p->data) c++;
            p=p->next;
        }
        return c;
    }
    void Fun162(LinkList &head,int x)//带头结点
    {
```

```
        LinkList p=head,q,r;
        while(p->next&&p->next->data>=x)
            p=p->next;
        q=p->next;
        p->next=NULL;
        while(q)
        {
            r=q->next;
            q->next=p->next;
            p->next=q;
            q=r;
        }
    }
void Fun163(LinkList &head,int x)//带头结点
    {
        LinkList p=head,q;
        while(p->next&&p->next->data>x)
        {
            if(p->next->data% 2==0)
            {
                q=p->next;
                p->next=q->next;
                free(q);
            }
            else p=p->next;
        }
    }
```

17. 参考答案：

```
void Fun17(LinkList &L,int m)//带头结点的单链表
    {
        LinkList p=L,q,r;
        int j=0;
        while(j<m)
        {
            j++;
            p=p->next;
        }
        q=p->next;
        while(q->next)
        {
            q=q->next;
        }
        r=L->next;
```

```
        L->next=p->next;

        p->next=NULL;

        q->next=r;

    }
```

18. 参考答案：
```
char Fun18(LinkList X,LinkList Y)//带头结点

{

    LinkList p=X->next,q;

    while(p)

    {

        q=Y->next;

        while(q && q->data!=p->data)

            q=q->next;

        if(q==NULL) return p->data;

        else p=p->next;

    }

    return 0;//不存在满足条件的字符

}
```

19. 参考答案：
```
bool Fun19(LinkList &A,LinkList &B)//带头结点

{

    LinkList p=A->next,q,s;

    while(p)

    {

        q=B->next;

        s=p;

        while(s && q && s->data==q->data)

        {

            s=s->next;

            q=q->next;

        }

        if(q==NULL) return true;

        else if(s==NULL) return false;

        else p=p->next;

    }

    return false;

}
```

20. 参考答案：
```
void InsertSort (LinkList la)

{

    LinkList p,q,r;

    if(la->next!=NULL)/*链表不为空表*/

    {
```

```
        p=la->next->next;              /*p指向第一结点的后继*/
        la->next->next=NULL;    /*直接插入原则认为第一元素有序,然后从第二元素起依次插
入*/
        while(p!=NULL)
        {
            r=p->next;/*暂存 p 的后继*/
            q=la;
            while(q->next!=NULL&&q->next->data<p->data) q=q->next;/*查找插入位
置*/
            p->next=q->next;/*将 p 结点插入链表*/
            q->next=p;
            p=r;
        }
        }
    }
```

21. 参考答案：

```
    void Mix( LinkList &La, LinkList Lb )
    {
        LinkList pa=La->next,pb=Lb->next,pc=La,u;
        while(pa&&pb)
        {
            if(pa->data==pb->data)//交集
            { pc->next=pa;pc=pa;pa=pa->next;}
            else if(pa->data<pb->data) { u=pa;pa=pa->next; free(u);}
            else pb=pb->next;
        }
        pc->next=NULL;//置链表尾标记
        while(pa){ u=pa; pa=pa->next; free(u);}//释放结点空间
    }
```

22. 参考答案：

```
    void Difference(LinkList &A,LinkList B)
    {
        LinkList p=A->next,q=B->next,pre=A;
        while(p && q)
        if(p->data<q->data){pre=p;p=p->next;} //A链表中当前结点指针后移
            else if(p->data> q->data)q=q->next;      //B链表中当前结点指针后移
            else
        {//处理 A,B 中元素值相同的结点
            p=p->next;
            free(pre->next); //删除结点
            pre->next=p;
        }
    }
```

23.参考答案:

```
typedef struct DuLNode
{
    ElemType data;
    struct DuLNode* prior,* next;
}DuLNode,* DuLinkList;
bool Fun23(DuLinkList L)
{
    DuLinkList p=L->next,q=L->prior;
    while((p!=q && p->prior!=q))
    {
        if(p->data==q->data)
        {
            p=p->next;
            q=q->prior;
        }
        else return false;
    }
    return true;
}
```

24.参考答案:

```
void find_insert(DuLinkList &head,ElemType key)
{
    DuLinkList p,s;
    p=head->next;
    while(p!=head && p->data<key) p=p->next;
    if(p->data==key) cout <<"find the node! "<<endl ;
    else
    {
        s=(DuLinkList)malloc(sizeof(DuLNode));
        s->data=key;
        s->prior=p->prior;
        s->next=p;
        p->prior->next=s;
        p->prior=s;
    }
}
```

25.算法分析

(1)在双向链表中查找数据值为 x 的结点,由指针 p 指向,若找不到,直接返回,否则执行第 2 步;

(2)修改 x 结点的访问频度 freq,并将结点从链表上摘下;

(3)顺着结点的前驱链查找该结点的位置,即找到一个结点的访问频度大于 x 结点的访问频度,由指针 q 指向;若 q 和 p 不是相邻结点,调整位置,把 p 插在 q 之后。

参考答案:

```
void Locate_DuList(DuLinkList &L, ElemType x)
{
    DuLinkList p=L->next,q;
    while(p!=L  && p->data!=x)  p=p->next;
    if(p!=L)   /*找到 x 结点*/
    {
        p->freq++;
        q=p->prior;
        while(q!=L && q->freq<p->freq)q=q->prior;    /*查找插入位置*/
        if(q!=p->prior)
        {
            p->prior->next=p->next;p->next->prior=p->prior;  /*将 x 结点从链
表上摘下*/
            p->prior=q;p->next=q->next;
            q->next=p;q->next->prior=p;/*将 x 结点插入*/
        }
    }
}
```

3 栈和队列

一、单项选择题

1. C   2. C   3. B   4. C   5. C   6. A   7. B   8. B   9. C   10. C   11. B   12. D   13. C
14. A   15. B   16. C   17. C   18. A   19. D   20. D   21. D   22. D   23. B   24. B   25. D
26. C   27. D   28. A

二、填空题

1. tail％m+1==front   2. 线性、栈顶、队尾、队头   3. 操作受限、后进先出   4. 栈
5. 假溢出   6. n−1   7. Q. front==Q. rear、(Q. rear+1)mod MAXQSIZE==Q. front
8. rear=(rear+1)％(m+1)   9. (rear−front+m)％ m   10. 98
11. Ls==NULL、Ls=Ls−>next   12. 14   13. 后进先出、先进先出
14. 5、abc,acb,bac,bca,cba,cab   15. O(1)

三、算法设计题

1. 参考答案:

```
Status matching(char exp[]) {
    int state=1, i=0;
    while (exp[i]!='#' && state) {
        switch (exp[i]) {
            case 左括弧:{Push(S,exp[i]); i++; break;}
            case")": {
                if(! StackEmpty(S)&&GetTop(S)=="(" {Pop(S,e);  i++;}
                else state=0;
```

```
            break;   }
        … …
      }// switch
    }// while
    if (StackEmpty(S)&&state) return OK;
    else return ERROR;
  }
```

2.参考答案：

```
void EnQueue (LinkList rear, ElemType x)//入队操作
/*rear 是带头结点的循环链队列的尾指针,本算法将元素 x 插入队尾*/
{
    LinkList s=(LinkList)malloc(sizeof(LNode)); /*申请结点空间*/
    s->data=x;   s->next=rear->next;        /*将 s 结点插入队尾*/
    rear->next=s;   rear=s;                /*rear 指向新队尾*/
}
void DeQueue (LinkList rear)//出队操作
/*rear 是带头结点的循环链队列的尾指针,本算法执行出队操作,若操作成功,则输出队头元素
*/
{
    if(rear->next==rear)   {printf("队空\n"); return;}
    LinkList s=rear->next->next;            /*s 指向队头元素*/
    rear->next->next=s->next;          /*队头元素出队*/
    printf ("出队元素是:%d",s->data);
    if(s==rear) rear=rear->next;/*空队列*/
    free(s);
}
```

4 数组和广义表

一、单项选择题

1.A 2.C 3.C 4.D 5.A 6.A 7.C 8.A 9.B 10.B 11.B 12.B 13.D
14.A 15.C 16.C 17.A 18.C 19.D 20.A 21.C 22.A

二、判断题

1.× 2.× 3.√ 4.× 5.√

三、填空题

1.$p+[(i-1)\times n+j-1]\times k$ 2.1282、1072、1276 3.540、108、A[3,10] 4.232

5. ▶ 提示：

设数组元素 A[i][j]存放在起始地址为 Loc(i, j) 的存储单元中。

$\because$ Loc(2, 2)=Loc(0, 0)+2*n+2=644+2*n+2=676

$\therefore$ n=(676-2-644)/2=15

$\therefore$ Loc(3, 3)=Loc(0, 0)+3*15+3=644+45+3=692

6.2i+j 7.193

8.k=2i+j、i=(k+1)/3 j=(k+1)/3+(k+1)%3-1 或 j=k-2(k+1)/3

9. k＝i＋j－2、i＝k/2＋1   j＝k/2＋1＋k％2   10. 8、k＝i＊(i－1)/2＋i＋j－n－1

11. n(j－i)＋i   12. d   13. (g,h)   14. (c,d)、(b)、(a,b,c,d)、( )   15. 3、∞

16. H(H(T(H(T(H(T(L)))))))

17.（1）Head(Tail(Tail(L1)))

（2）Head(Head(Tail(L2)))

（3）Head(Head(Tail(Tail(Head(L3)))))

（4）Head(Head(Tail(Tail(L4))))

（5）Head(Tail(Head(L5)))

（6）Head(Head(Tail(Head(Tail(L6)))))

5   树和二叉树

一、单项选择题

1. A   2. C   3. C   4. A   5. D   6. D   7. A   8. B   9. A   10. C   11. A   12. B   13. C

14. C   15. C   16. D   17. B   18. A   19. B   20. A   21. B   22. C   23. C   24. B   25. D

26. C   27. C   28. B   29. C   30. A   31. B   32. C   33. C   34. D   35. A   36. B   37. B

38. D   39. D   40. D   41. B   42. D   43. D   44. B   45. C   46. C   47. D   48. C   49. A

50. D   51. C   52. A   53. A   54. B   55. D   56. C   57. B   58. B   59. D   60. C   61. D

二. 判断题

1. √   2. ×   3. √   4. √   5. ×   6. ×   7. ×   8. ×   9. √   10. √   11. ×   12. √

13. ×   14. √   15. √   16. ×   17. √   18. ×   19. √   20. √   21. √   22. √   23. √

24. √

三、填空题

1. 5、2   2. 2^{h-1}、2^h-1 3. $[\log_2 n]+1$、n/2、n－1   4. $[\log_2 i]==[\log_2 j]$

5. A[2i＋2]   6. 5   7. 0、n/2 或者(n－1)/2、(n＋1)/2、$\log_2 n+1$ 或者 $\log_2 (n+1)$

8. 51   9. 501   10. 50、1、49   11. 51、0、50   12. 39、111   13. 11   14. 2h－1

15. 12   16. 12   17. G   18. 5

19. 孩子链表表示法、孩子兄弟表示法、双亲表示法   20. n1－1、n2＋n3   21. m－n

22. N－K   23. abdfcegh、dfbagehc、fdbgheca、abdfcegh、dfbagehc   24. 9   25. 2n－1

26. 51   27. 44   28. m＝＝n＋1   29. 1010、00、10000、1001、11、10001、01、1011、261

> 提示：

29 题的 Huffman 树如图 2-26 所示。

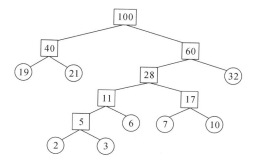

图 2-26

四、综合题

1. $n = n_0 + n_1 + n_2 + \cdots + n_m$

$n - 1 = n_1 + 2 \times n_2 + 3 \times n_3 + \cdots + m \times n_m$

$n_0 = n_2 + 2n_3 + \cdots + (m-1)n_m + 1$

2.（1）该二叉树的逻辑结构如图 2-27 所示。

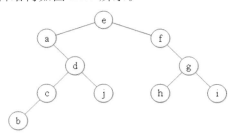

图 2-27

（2）先序：eadcbjfghi

中序：abcdjefhgi

后序：bcjdahigfe

（3）后序线索二叉树如图 2-28 所示。 （4）对应的森林如图 2-29 所示。

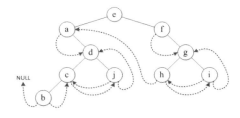 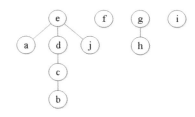

图 2-28 图 2-29

3.（1）GDHBEACIF。

（2）中序线索二叉树
如图 2-30 所示。

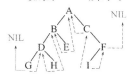

图 2-30

（3）

1	2	3	4	5	6	7	8	9	10	11	12	13	14	15
A	B	C	D	E	^	F	G	H	^	^	^	^		I

4.（1）GDBAEHCFI。

（2）中序线索二叉树
如图 2-31 所示。

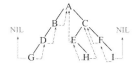

图 2-31

（3）

1	2	3	4	5	6	7	8	9	10	11	12	13	14	15
A	B	C	D	^	E	F	G	^	^	^	^	H	^	I

5. 该二叉树如图 2-32 所示。

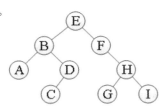

图 2-32

后序序列：ACDBGIHFE。

6.（1）这棵二叉树如图 2-33(a)所示。

（2）这棵二叉树的后序线索树如图 2-33(b)所示。

（3）对应的树（或森林）如图 2-33(c)所示。

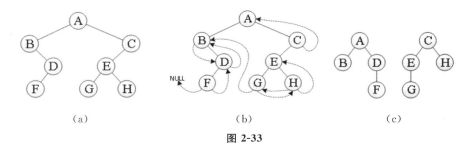

（a）　　　　　　　　　（b）　　　　　　　　　（c）

图 2-33

7. 二叉树如图 2-34 所示。

8. 二叉树如图 2-35 所示。

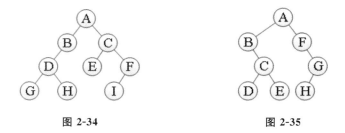

图 2-34　　　　　　　　　图 2-35

9.（1）该二叉树如图 2-36(a)所示。

（2）它的先序线索二叉树如图 2-36(b)所示。

（3）对应的树（或森林）如图 2-36(c)所示。

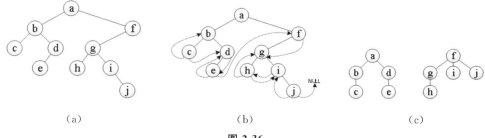

（a）　　　　　　　　　（b）　　　　　　　　　（c）

图 2-36

10. 二叉树如图 2-37 所示。

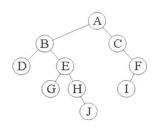

图 2-37

11. 森林的先序序列和后序序列对应其转换的二叉树的先序序列和中序序列,应先据此构造二叉树,再构造出森林,如图 2-38 所示。

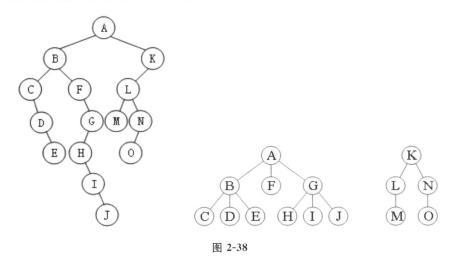

图 2-38

12. 相应的 Huffman 树如图 2-39 所示。

WPL$=(5+7+9)\times2+(2+4)\times3=60$

13. 相应的 Huffman 树如图 2-40 所示。

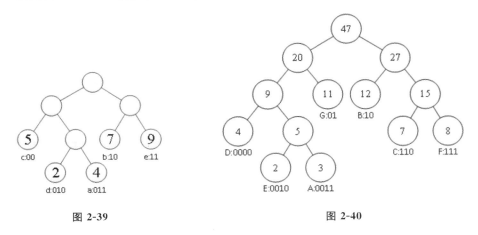

图 2-39   图 2-40

A:0011   B:10   C:110   D:000   E:0010   F:111   G:01

WPL$=11\times2+12\times2+4\times3+7\times3+8\times3+2\times4+3\times4=123$

14.（1）哈夫曼树如图 2-41 所示。

（2）哈夫曼编码方案的平均码长为：

$0.08 \times 3 + 0.18 \times 3 + 0.02 \times 5 + 0.06 \times 4 + 0.3 \times 2 + 0.05 \times 5 + 0.19 \times 2 + 0.12 \times 3 = 2.71$

15.（1）哈夫曼树如图 2-42 所示。

（2）$WPL = (0.19 + 0.21 + 0.32) \times 2 + (0.06 + 0.07 + 0.10) \times 4 + (0.02 + 0.03) \times 5 = 2.61$

16.（1）哈夫曼树如图 2-43 所示。

（2）$WPL = (2+3) \times 5 + 6 \times 4 + (9+14+15) \times 3 + (16+17) \times 2 = 229$

17.（1）哈夫曼树如图 2-44 所示。

（2）字符 A,B,C,D 出现的次数为 10,1,5,3。

（3）$WPL = (1+3) \times 3 + 5 \times 2 + 10 \times 1 = 32$

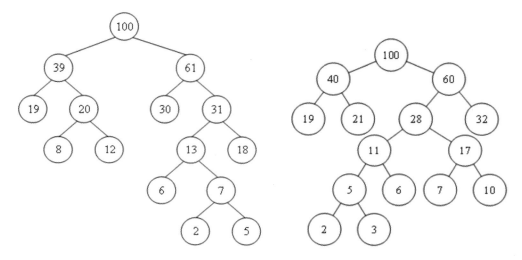

图 2-41   图 2-42

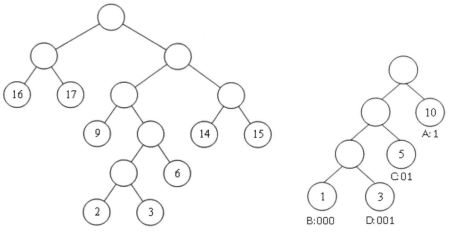

图 2-43   图 2-44

18.（1）哈夫曼树如图 2-45 所示。

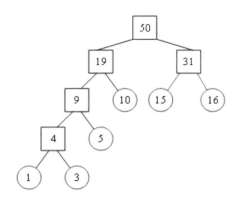

图 2-45

（2）WPL $=(10+15+16) \times 2+5 \times 3+(1+3) \times 4=113$

19.终态

	weight	parent	lchild	rchild
1	3	8	0	0
2	12	12	0	0
3	7	10	0	0
4	4	9	0	0
5	2	8	0	0
6	8	10	0	0
7	11	11	0	0
8	5	9	5	1
9	9	11	4	8
10	15	12	3	6
11	20	13	9	7
12	27	13	2	10
13	47	0	11	12

五、算法设计题

1.参考答案：

二叉树结点定义如下：

```
typedef struct BiTNode {
    ElemType data;  //结点数据
```

```
        struct BiTNode    *lchild,*rchild; //左、右孩子指针
    }BiTNode,*BiTree;
    void PreOrderTraverse(BiTree T)//递归算法
    {
        if(T)
        {
            Visit(T->data);
            PreOrderTraverse(T->lchild);
            PreOrderTraverse(T->rchild);
        }
    }
    void PreOrderTraverse(BiTree T)//非递归算法
    {
        BiTree Stack[maxsize],p;
        int top;
        if(T==NULL)  return;//空树直接返回
        top=0;//初始化栈
        Stack[top++]=T;//树根入栈
        while(top>0)//栈不为空
        {
            p=Stack[--top];  //出栈
            visitT(p->data);  //访问结点 p
            if(p->rchild) {Stack[top++]=p->rchild; } //右子树树根入栈
            if(p->lchild) {Stack[top++]=p->lchild; } //左子树树根入栈
        }
    }
```

2.参考答案：
```
    void InOrderTraverse(BiTree T)//递归算法
    {
        if(T)
        {
            PreOrderTraverse(T->lchild );
            visit( T->data);
            PreOrderTraverse(T->rchild);
        }
    }
```
3.(1)p＝T   (2)p＝p→left   (3)p＝Stack[top] (4)p＝p→right (5)p＝p->left

4.参考答案：
```
    void PostOrderTraverse(BiTree T)//递归算法
    {
        if(T)
```

```
        {
            PreOrderTraverse(T->lchild);
            PreOrderTraverse(T->rchild);
            visit(T-data) ;
        }
    }
```

5.参考答案：

```
    void LevelOrderTraverse(BiTree T){//利用队列
        LinkQueue q;
        QElemType a;
        if(T){
            InitQueue(q);
            EnQueue(q,T);
            while(!QueueEmpty(q)){
                DeQueue(q,a);
                Visit(a->data);
                if(a->lchild!=NULL)
                    EnQueue(q,a->lchild);
                if(a->rchild!=NULL)
                    EnQueue(q,a->rchild);
            }
        }
    }
```

6.参考答案：

```
    int GetBiTNodeCount(BiTree T)//递归统计结点个数
    {
        if(!T)      return 0;
        int LeftCount=GetBiTNodeCount(T->lchild);
        int RightCount=GetBiTNodeCount(T->rchild);
        return LeftCount+RightCount+1;
    }
```

7.参考答案：

```
    int LeafNodeCount(BiTree T)
    {
        if(T==NULL)   return 0; //如果是空树,则叶子结点数为 0
        else if(T->lchild==NULL&&T->rchild==NULL)
            return 1;//判断该结点是否是叶子结点(左孩子、右孩子都为空),若是则返回 1
        else
            return LeafNodeCount(T->lchild)+LeafNodeCount(T->rchild);
    }
```

8.参考答案：

```
    int countNode1(BiTree T) //递归统计度为 1 的结点数
```

```
    {
        int n1,n2;
        if(T==NULL||(T->lchild==NULL)&&(T->rchild==NULL))  return 0 ;
        n1=countNode1(T->lchild);  //左子树度为 1 的结点数
        n2=countNode1(T->rchild);  //右子树度为 1 的结点数
        if(T->lchild!=NULL && T->rchild!=NULL) return n1+n2;
        return(n1+n2+1);  //树根结点的度为 1
    }
```

9. 参考答案：

```
    int countNode2(BiTree T)   //递归统计度为 2 的结点数
    {
        int n1,n2;
        if(T==NULL||(T->lchild==NULL)&&(T->rchild==NULL))  return 0 ;
        n1=countNode2(T->lchild);   //左子树度为 2 的结点数
        n2=countNode2(T->rchild);   //右子树度为 2 的结点数
        if(T->lchild!=NULL && T->rchild!=NULL) return n1+n2+1; /* 树根结点的度为
2* /
        return(n1+n2);
    }
```

10. 参考答案：

```
    int BitreeHeight(BiTree T) //递归统计树的高度
    {
        if (T ==NULL)
        return 0;
        else
        {
        int hl, hr;
        hl=BitreeHeight(T->lchild);
        hr=BitreeHeight(T->rchild);
        return (hl >hr ? hl : hr)+1;
        }
    }
```

11. 参考答案：

```
    int NodeLevel(BiTree T, ElemType x )
    {
        if(T==NULL)  return 0;
        if(T->data==x)   return 1;
        int c1=NodeLevel(T->lchild,x);
        if(c1>=1)  return c1+1;
        int c2=NodeLevel(T->rchild,x);
        if(c2>=1)  return c2+1;
        return 0;
    }
```

12. 参考答案：

```
void Exchange(BiTree T)
{
    if (T ==NULL) return;
    BiTNode* temp=T->lchild;
    T->lchild=T->rchild;
    T->rchild=temp;
    Exchange(T->lchild);
    Exchange(T->rchild);
}
```

13. 参考答案：

```
int GetNodeNumKthLevel(BiTree T, int k )
{
    if (T ==NULL || k <1)
        return 0;
    if (k ==1)
        return 1;
    int numLeft=GetNodeNumKthLevel(T->lchild, k-1);
    int numRight=GetNodeNumKthLevel(T->rchild, k-1);
    return (numLeft+numRight);
}
```

14. 参考答案：

```
int Similar(BiTree p, BiTree q) //判断二叉树 p 和 q 是否相似
{
    if(p==NULL && q==NULL) return (1);
    else if(! p && q || p &&! q) return (0);
    else return(Similar(p->lchild,q->lchild)&&Similar(p->rchild,q->rchild));
}
```

15. 参考答案 1：

```
BiTree GetTreeNode(TElemType item, BiTree lptr , BiTree rptr )
{ //生成一个二叉树的结点(其数据域为 item,左指针域为 lptr,右指针域为 rptr)
    BiTree T=(BiTNode* )malloc(sizeof(BiTNode));
    T->data=item;
    T->lchild=lptr;    T->rchild=rptr;
    return T;
}
BiTree CopyTree(BiTree T) {   //后序递归
    if (!T )    return NULL;
    BiTree newlptr,newrptr,newT;
    if (T->lchild )
        newlptr=CopyTree(T->lchild);//复制左子树
    else   newlptr=NULL;
```

```
        if（T->rchild ）

            newrptr=CopyTree(T->rchild);//复制右子树

        else  newrptr=NULL;

        newT=GetTreeNode(T->data, newlptr, newrptr);

        return newT;

    } // CopyTree
```

参考答案 2：

```
    void CreateBiTree(BiTree T,BiTree &t){ //先序递归

        if(! T) // 空

            t=NULL;

        else

        {

            t=(BiTree)malloc(sizeof(BiTNode));

            t->data=T->data; // 生成根结点

            CreateBiTreef(T->lchild,t->lchild); // 构造左子树

            CreateBiTreef(T->rchild,t->rchild); // 构造右子树

        }

    }
```

16. 参考答案：

```
    //按照层次遍历顺序,如果某个孩子没有孩子或只有左孩子没有右孩子

    //这样的情况出现后,则后面的所有结点都应该是叶子结点

    int JudgeComplete(BiTree bt) //判断是不是完全二叉树,是返回 1,否则返回 0

    {

        int tag=1;//tag=0 表示有结点无左右孩子或只有左孩子无右孩子

        if(bt==NULL)  return 1; //空树是完全二叉树

        BiTree p;

        LinkQueue Q;

        InitQueue(Q);     //初始化队列 Q

        EnQueue(Q,bt);  //根结点指针入队

        while(! QueueEmpty(Q))  //队列 Q 不为空

        {

            DeQueue(Q,p);   //出队

            if(p->lchild && tag)  //左孩子存在且前面无异常结点,则左孩子入队

                EnQueue(Q,p->lchild);

            else if(p->lchild)  //前边已有异常结点,本结点还有左孩子

                return 0;//不是完全二叉树

            else tag=0; //左孩子为空且首次出现,则标记 tag

            if(p->rchild && tag)  //右孩子存在且前面无异常结点,则右孩子入队

                EnQueue(Q,p->rchild);

            else if(p->rchild) //前边已有异常结点,本结点还有右孩子

                return 0; //不是完全二叉树

            else tag=0;  //右孩子为空且首次出现,则标记 tag

        }
```

```
            return 1;
    }
```

17. 参考答案：

```
typedef char ElemType;
typedef struct TNode{
    ElemType data; //树的结点中的数据
    int lchild,rchild; //结点的左右孩子所对应的数组下标
}Tree;
void InOrder(Tree T[],int r) // r 为根结点位置域,递归算法,顺序存储,中序遍历
{
    if(r){
    InOrder(T,T[r].lchild);   //中序遍历左子树
    printf("%c", T[r].data);  //访问根结点
    InOrder(T, T[r].rchild);   //中序遍历右子树
    }
}
```

18. 参考答案：

```
//双亲表示法的二叉树查找孩子结点不方便,所以该数据结构不适合遍历二叉树
//需要将双亲表示法的二叉树转化为孩子表示法的二叉树
typedef struct TNode{
    ElemType data; //树的结点中的数据
    int lchild,rchild; //结点的左右孩子所对应的数组下标
}Tree;
//先将双亲表示法的二叉树 t 转化为孩子表示法的二叉树 bt
//n 为结点数,root 为 bt 的根结点,需要返回
void Change(BTree t[], Tree bt[], int n, int &root)
{
    int i;
    for(i=1;i<=n;i++)
    {  bt[i].lchild=bt[i].rchild=0;  } //先将结点的左右子女初始化为 0
    for(i=1;i<=n;i++) //填入结点数据和结点左右子女的信息
    {
        bt[i].data=t[i].data;
        if(t[i].parent<0) bt[t[i].parent*(-1)].rchild=i; //右子女
        else if(t[i].parent>0) bt[t[i].parent].lchild=i; //左子女
        else  root=i;//root 记住根结点
    }
}//change
void PreOrder(Tree T[],int r) // r 为根结点位置域,递归算法,顺序存储,前序遍历
{
    if(r){
    PreOrder(T,T[r].lchild);   //中序遍历左子树
    printf("%c", T[r].data); //访问根结点
```

```
        PreOrder(T, T[r].rchild);   //中序遍历右子树
    }
}
```

19.参考答案：

```
void PreOrderTraverse(ElemType bt[],int n)//非递归算法
{
    int Stack[maxsize];
    int top,i,p;
    if(n<1)  return;//空树直接返回
    top=0;//初始化栈
    Stack[top++]=1;//树根入栈
    while(top>0)//栈不为空
    {
        p=Stack[- - top];   //出栈
        visitT(bt[p]);   //访问结点 p
        if(2* p+1<=n) Stack[top++]=2* p+1; //右子树树根入栈
        if(2* p<=n)Stack[top++]=2* p;//左子树树根入栈
    }
}
```

20.参考答案：

```
BiTree Create(ElemType A[],int n,int i)
{//A[1…n]中存放完全二叉树的顺序表示,i表示以下标为i的结点为根建立一棵二叉树
    BiTree T;
    if(i<=n)
    {
        T=(BiTree)malloc(sizeof(BiTNode));
        T->data=A[i];
        if(2* i>n)   T->lchild=NULL;
        else T->lchild=Create(A,n,2* i);
        if(2* i+1>n)   T->rchild=NULL;
        else T->rchild=Create(A,n,2* i+1);
    }
    return T;
}//Create
BiTree Create(ElemType A[],int n,int i)
{// A[1…n]中存放任意二叉树的顺序表示,i表示以下标为i的结点为根建立一棵二叉树
    BiTree T;
    if(i<=n)
    {
        T=(BiTree)malloc(sizeof(BiTNode));
        T->data=A[i];
        if((2* i>n)||(A[2* i]=='0'))   T->lchild=NULL;
        else T->lchild=Create(A,n,2* i);
```

```
        if((2*i+1>n)||(A[2*i+1]=='0'))  T->rchild=NULL;
        else T->rchild=Create(A,n,2*i+1);
    }
    return T;
}//Create
```

21.参考答案：

```
void Ancestor(ElemType A[],int n,int i,int j)
{
    while(i!=j)
    {
        if(i>j) i=i/2;  //下标为 i 的结点的双亲结点的下标
        else j=j/2;//下标为 j 的结点的双亲结点的下标
    }
    printf("所查结点的最近公共祖先的下标是%d,值是%d",i,A[i]);//设元素类型为整型
}
```

22.参考答案：

```
//采用层次遍历的方法,记下各层结点数,每层遍历完毕
//若结点数大于原先最大宽度,则修改最大宽度
int Width(BiTree bt) //求二叉树 bt 的最大宽度
{
    if(bt==NULL) return 0;  //空二叉树宽度为 0
    BiTree Q[maxsize]; //Q 是队列,元素为二叉树结点指针,容量超过结点数
    front=1;        //队头指针
    rear=1;         //队尾指针
    last=1;         //last 同层最右结点在队列中的位置
    temp=0;         //temp 记局部宽度
    maxw=0;         //maxw 记最大宽度
    Q[rear]=bt;//根结点入队列
    while(front<=last)
    {
        p=Q[front++];  //出队列
        temp++; //同层结点数加 1
        if(p->lchild!=NULL) Q[++rear]=p->lchild;  //左孩子入队
        if(p->rchild!=NULL) Q[++rear]=p->rchild;  //右孩子入队
        if(front>last)  //一层结束,
        {
            last=rear;  //新的一层最右结点在队列中的位置
            if(temp>maxw) maxw=temp;//更新当前最大宽度
            temp=0;  //新的一层结点数重新计数
        }
    }
    return maxw;
}
```

6 图

一、单项选择题

1.B 2.D 3.A 4.B 5.D 6.C 7.B 8.A 9.C 10.C 11.B 12.C 13.B
14.D 15.CB 16.DB 17.D 18.D 19.C 20.A 21.D 22.C 23.B 24.A 25.C
26.B 27.A 28.A 29.C 30.B 31.B 32.D 33.C 34.A 35.B

二.判断题

1.× 2.√ 3.√ 4.√ 5.× 6.× 7.× 8.√ 9.× 10.× 11.× 12.×
13.√ 14.× 15.√ 16.√ 17.√ 18.× 19.× 20.√ 21.× 22.× 23.×

三、填空题

1.2 2.n(n−1)/2、n(n−1) 3.连通、连通图、连通分量 4.2(n−1) 5.n−1
6.n−1 7.n 8.强连通分量 9.n、n(n−1) 10.n 11.1、0 12.O(n²)、O(n+e)
13.拓扑排序 14.关键路径 15.5、V1−V3−V2−V4−V5 16.深度优先搜索
17.广度优先搜索遍历 18.V1,V2,V3,V6,V5,V4 V1,V2,V5,V4,V3,V6 19.O(n³)

四、综合题

1.见图 2-46。

（1）

（2）

	入度	出度
V1	2	1
V2	3	0
V3	1	3
V4	2	2
V5	1	2
V6	2	3

（3）

	V1	V2	V3	V4	V5	V6
V1	0	1	0	0	0	0
V2	0	0	0	0	0	0
V3	1	0	0	0	1	1
V4	0	1	1	0	0	0
V5	0	0	0	1	0	1
V6	1	1	0	1	0	0

（4）

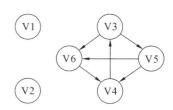

图 2-46

2.（1）广度优先搜索序列为 V1V2 V3V4 V5,广度优先搜索生成树如图 2-47(a)所示。
（2）邻接表存储结构如图 2-47(b)所示。

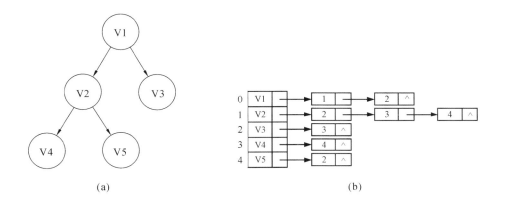

图 2-47

3.深度优先生成树如图 2-48(a)所示,广度优先生成树如图 2-48(b)所示。

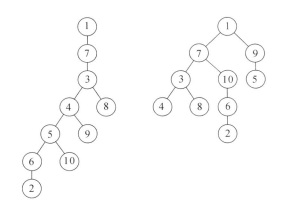

(a)深度优先生成树   (b)广度优先生成树

图 2-48

4.所求如图 2-49 所示。

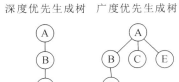
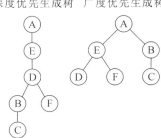

图 2-49

5.深度优先遍历序列:ABCDEF

广度优先遍历序列:ABECDF

6.所求如图 2-50 所示。

7. 所求如图 2-51 所示。

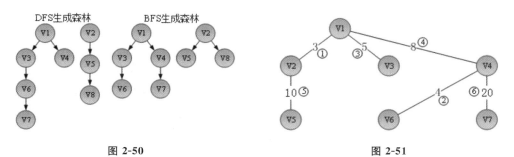

图 2-50　　　　　　　　　　　　　　　　　图 2-51

8.（1）深度优先遍历序列为 ABCDE,广度优先遍历序列为 ABCED;

（2）关键路径:A—B,长度:100。

9.（1）5 种(15627384　15627834　15672384　15672834　15678234)

（2）

事件	V1	V2	V3	V4	V5	V6	V7	V8
最早发生时间 Ve	0	30	50	65	10	17	25	35
最迟发生时间 Vl	0	30	50	65	15	27	44	59

活动	<1−2>	<1−5>	<1−4>	<2−3>	<3−4>	<5−2>	<5−6>
最早开始时间 e	0	0	0	30	50	10	10
最迟开始时间 l	0	5	5	30	50	15	20
活动	<6−2>	<6−3>	<6−7>	<7−3>	<7−4>	<7−8>	<8−4>
最早开始时间 e	17	17	17	25	25	25	35
最迟开始时间 l	27	34	36	44	62	49	59

关键路径:<1−2>　<2−3>　<3−4>。

10.

顶点	ve 最早发生时间	vl 最迟发生时间	活动	e 最早开始时间	l 最迟开始时间
V1	0	0	<1，2>	0	17
V2	19	19	<1，3>	0	0
V3	15	15	<3，2>	15	15
V4	29	37	<2，4>	19	27
V5	38	38	<2，5>	19	19
V6	43	43	<3，5>	15	27
			<4，6>	29	37
			<5，6>	38	38

此工程最早完成时间为 43。关键路径为<1，3><3，2><2，5><5，6>。

11.

顶点	ve	vl	活动	e	l	l－e
V0	0	0	a0	0	0	0
V1	2	2	a1	0	4	4
V2	4	5	a2	0	1	1
V3	10	10	a3	2	9	7
V4	7	7	a4	2	2	0
V5	9	10	a5	4	5	1
V6	14	14	a6	7	7	0
			a7	7	10	3
			a8	4	5	1
			a9	10	10	0
			a10	9	10	1

关键路径为：a0－＞a4－＞a6－＞a9。

12.

顶点	ve	vl	活动	e	l	l－e
V1	0	0	a1	0	0	0
V2	6	6	a2	0	2	
V3	4	6	a3	0	3	
V4	5	8	a4	6	6	0
V5	7	7	a5	4	6	
V6	7	10	a6	5	8	
V7	16	16	a7	7	7	0
V8	14	14	a8	7	7	0
V9	18	18	a9	7	10	
			a10	16	16	0
			a11	14	14	0

五、算法设计题

1. 参考答案：

```c
void CreateGraph(ALGraph &G)//创建无向图的邻接表
{
    int i,j,k;
    VertexType v1, v2;
    G.kind=UDG; // 无向图
    ArcNode* p;
    printf("请输入图的顶点数和边数:");
    scanf("%d%d", &G.vexnum, &G.arcnum);
    printf("请输入各顶点的值:");
    for (i=0; i <G.vexnum; i++)
    {
        scanf("%s%*c",&G.vertices[i].data);
        G.vertices[i].firstarc=NULL;
    }
    printf("请输入弧尾和弧头：");
    for (k=1; k <=G.arcnum; k++)
    {
        scanf("%s%s%*c",&v1,&v2);// %*c吃掉回车符
        i=LocateVex(G, v1);
        j=LocateVex(G, v2);
        p=(ArcNode*)malloc(sizeof(ArcNode));
        p->adjvex=j;
        p->nextarc=G.vertices[i].firstarc;
        G.vertices[i].firstarc=p;
        p=(ArcNode*)malloc(sizeof(ArcNode));
        p->adjvex=i;
        p->nextarc=G.vertices[j].firstarc;
        G.vertices[j].firstarc=p;
    }
}
```

2. 参考答案：

```c
void TranseList(MGraph G, ALGraph &L)//邻接矩阵转化为邻接表
{
    int i,j,k=0;
    ArcNode* p;
    L.vexnum=G.vexnum;
    L.arcnum=G.arcnum;
    for(i=0; i<L.vexnum; i++)//创建空邻接表
    {
        L.vertices[i].data=G.vexs[i];
```

```
                L.vertices[i].firstarc=NULL;
        }
    for(i=0; i<G.vexnum; i++)//遍历整个矩阵
        for(j=0; j<G.vexnum; j++)
        {
            if(G.arcs[i][j].adj==1)//将邻接矩阵中关联的顶点插入表中
            {
                p=(ArcNode*)malloc(sizeof(ArcNode));
                p->adjvex=j;
                p->nextarc=L.vertices[i].firstarc;
                L.vertices[i].firstarc=p;
            }
        }
}
```

3. 参考答案:

```
void TranseMatrix(ALGraph L, MGraph &G)//邻接表转换为邻接矩阵
{
    int i,j,k;
    ArcNode*p;
    G.vexnum=L.vexnum;
    G.arcnum=L.arcnum;
    for(i=0; i<G.vexnum; i++)//将矩阵的顶点集拷贝给链表的顶点集
        G.vexs[i]=L.vertices[i].data;
    for(i=0; i<G.vexnum; i++)
        for(j=0; j<G.vexnum; j++)//初始化邻接矩阵为 0
            G.arcs[i][j].adj=0;
    for(k=0; k<G.vexnum; k++)
    {
        p=L.vertices[k].firstarc;
        while(p)//当邻接表中第 k 链表中顶点存在时
        {
            G.arcs[k][p->adjvex].adj=1;//将矩阵相对应的位置赋值为 1
            p=p->nextarc;
        }
    }
}
```

4. 参考答案:

```
void deledge(ALGraph &G, int i,int j)
{
    ArcNode *p,*q;
    p=G.vertices[i].firstarc;
    if(p->adjvex==j)
```

```
        { G.vertices[i].firstarc=p->nextarc; free(p);}
        else{
            while(p->nextarc && p->nextarc->adjvex!=j)
                p=p->nextarc;
            if(p->nextarc!=NULL){ q=p->nextarc; p->nextarc=q->nextarc; free(q);}
        }
    }
```

5. 参考答案：

```
    void InvertAdjList(ALGraph gout,ALGraph &gin)
    //将有向图的出度邻接表 gout 改为按入度建立的逆邻接表 gin
    {
        int i,j;
        ArcNode *p,*s;
        gin.vexnum=gout.vexnum;
        gin.arcnum=gout.arcnum;
        for(i=0; i<gin.vexnum; i++)//创建空邻接表
        {
            strcpy(gin.vertices[i].data , gout.vertices[i].data);
            gin.vertices[i].firstarc=NULL;
        }
        for(i=0; i<gout.vexnum; i++) //邻接表转为逆邻接表
        {
            p=gout.vertices[i].firstarc;//取指向邻接表的指针
            while(p)
            {
                j=p->adjvex;
                s=(ArcNode*)malloc(sizeof(ArcNode));//申请结点空间
                s->adjvex=i;
                s->nextarc=gin.vertices[j].firstarc;
                gin.vertices[j].firstarc=s;
                p=p->nextarc;                //下一个邻接点
            }
        }
    }
```

6. 参考答案：

```
    void FindDegree(ALGraph G,int indegree[],int outdegree [])
    {
        int i;
        ArcNode *p;
        for (i=0; i <G.vexnum; i++){ indegree[i]=0;outdegree[i]=0;}  //初始化
        for (i=0; i <G.vexnum; i++){
```

```
            p=G.vertices[i].firstarc;
            while(p)
            {
                outdegree[i]++;
                indegree[p->adjvex]++;
                p=p->nextarc;
            }
        }
    }
```

7. 参考答案：

```
    void DFS(ALGraph G,int i)
    {
        ArcNode *stack[],*p;
        int j,top=0;
        printf("%c",G.vertices[i].data);//访问起始顶点 i
        visited[i]=TRUE; // 设置访问标志为 TRUE(已访问)
        p=G.vertices[i].firstarc;
        while(p||top>0)
        {
            while(p)
            {
                j=p->adjvex;
                if(visited[j]) p=p->nextarc;
                else
                {
                    printf("%c",G.vertices[j].data);
                    visited[j]=TRUE;
                    stack[++top]=p;
                    p=G.vertices[j].firstarc;
                }
            }
            if(top>0) { p=stack[top--]; p=p->nextarc;}
        }
    }
```

8. 参考答案：

```
    int exist_path_DFS(ALGraph G,int i,int j)
    {
        if(i==j) return 1;
        else
        {
            visited[i]=1; // 设置访问标志为已访问
            for(p=G.vertices[i].firstarc;p;p=p->nextarc)
```

```
                {
                    k=p->adjvex;
                    if(!visited[k]&&exist_path_DFS(G,k,j)) return 1;
                }
                return 0;
            }
        }
```

9.参考答案：

```
    int exist_path_BFS(ALGraph G,int i,int j)
    {
        for(v=0;v<G.vexnum;++v) visited[v]=0;
        InitQueue(Q); // 置空的辅助队列 Q
        visited[i]=1;
        EnQueue(Q,i); // i 入队列
        while(!QueueEmpty(Q)) // 队列不空
        {
            DeQueue(Q,u); // 队头元素出队并置为 u
            for(p=G.vertices[u].firstarc;p;p=p->nextarc)
            {
                k=p->adjvex;
                if(k==j) return 1;
                if(!visited[k]) {visited[k]=1;EnQueue(Q,k);}
            }
        }
        return 0;
    }
```

10.（1）0　（2）j　（3）i　（4）0　（5）indegree[i]==0　（6）[vex][i]　（7）k==1
（8）indegree[i]==0

7　查找

一、单项选择题

1.B　2.D　3.A　4.C　5.A　6.B　7.C　8.C　9.C　10.C　11.A　12.D　13.B
14.C　15.B　16.A　17.A　18.B　19.D　20.D　21.B　22.D　23.C　24.A　25.A
26.B　27.C

二、填空题

1.(n+1)/2、(n+1)　2.129/31　3.8、57/15　4.1、2、4、8、5、74/20　5.7
6.54/16、70/17　7.9　8.4　9.4　10.a4 和 a13　11.中　12.54　13.哈希查找
14.H(k1)=H(k2)　15.13　16.5　17.大、大、小、小　18.9、4

三、综合题

1.二叉排序树如图 2-52 所示。
ASL=(1+2×2+3×3)/6=7/3

2.判定树如图 2-53 所示。

成功:$(1+2\times2+3\times4+4\times3)/10=1+4+12+12/10=29/10$

不成功:$(3\times5+4\times6)/11=(15+24)/11=39/11$

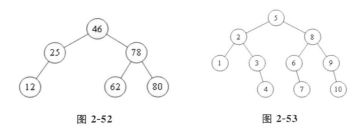

图 2-52　　　　　　　　　　　图 2-53

3.(1) 判定树如图 2-54 所示。

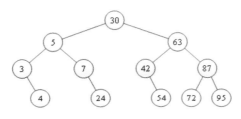

图 2-54

(2) 查找元素 54,需依次与 30,63,42,54 元素比较;

(3) 查找成功的 ASL$=(1\times1+2\times2+3\times4+4\times5)/12=37/12$

不成功的 ASL$=(3\times3+4\times10)/13=49/13$

4.(1) 判定树如图 2-55 所示。

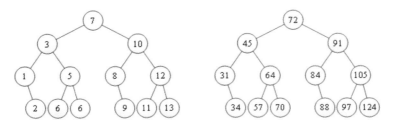

图 2-55

(2) 72　　91

(3) 72　　45　　31

(4) 查找成功时的平均查找长度:$(1+2\times2+3\times4+4\times6)/13=41/13$

不成功时的平均查找长度:$(3\times2+4\times12)/14=54/14=27/7$

5.(1) 所求如图 2-56(a)所示。

ASL$=(1+2\times2+3\times3+4\times3+5\times2+6)/12=42/12=7/2$

(2) 所求如图 2-56(b)所示。

ASL$=(1\times1+2\times2+3\times4+4\times5)/12=37/12$

(3) 所求如图 2-56(c)所示。

$$ASL＝(1＋2×2＋3×4＋4×4＋5)/12＝38/12＝19/6$$

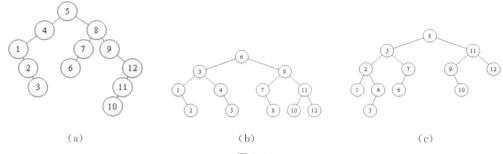

图 2-56

6.所求如图 2-57 所示。

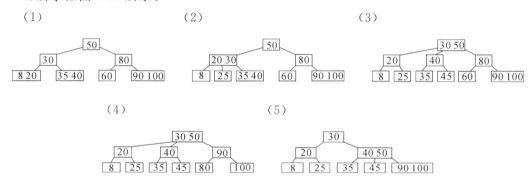

图 2-57

7.由于装填因子为 0.8,关键字有 8 个,所以表长为 8/0.8＝10。

（1）用除留余数法,哈希函数为 H(key)＝key ％ 7。

（2）

散列地址	0	1	2	3	4	5	6	7	8	9
关键字	21	15	30	36	25	40	26	37		
比较次数	1	1	1	3	1	1	2	6		

（3）$ASL_{succ}＝16/8＝2$。

查找失败时的平均查找长度为:$ASL_{unsucc}＝(9＋8＋7＋6＋5＋4＋3＋2＋1＋1)/10＝4.6$。

8.（1）散列函数 H(k)＝k％19。

（2）

0	1	2	3	4	5	6	7	8	9	10	11	12	13	14	15	16	17	18	19
38	20	21		42	24	25	26	45		29		31		33	204				
1	1	1		1	1	1	1	2		1		1		1	2				

（3）成功:$ASL＝14/12＝7/6$。

不成功:$ASL＝(4＋3＋2＋1＋6＋5＋4＋3＋2＋1＋2＋1＋2＋1＋3＋2＋1＋1＋1＋1)/$

$20＝46/20＝2.3$。

9.哈希表如图 2-58 所示。

$ASL＝(1×4+2×2+3)/7＝11/7$。

10.

0	1	2	3	4	5	6	7	8	9	10	11	12	13	14	15
	14	01	68	27	55	19	20	84	79	23	11	10			

$ASL(12)＝(1×6+2+3×3+4+9)/12＝2.5$。

11.

散列地址	0	1	2	3	4	5	6	7	8	9
关键字	14	1	9	23	84	27	55	20		
比较次数	1	1	1	2	3	4	1	2		

查找成功的平均查找长度$＝15/8$。

12.(1)线性探测法:

散列地址	0	1	2	3	4	5	6	7	8	9	10
关键字		4		12	49	38	13	24	32	21	
比较次数		1		1	1	2	1	2	1	2	

$ASL_{succ}＝(1+1+1+2+1+2+1+2)/8＝11/8$。

$ASL_{unsucc}＝(1+2+1+8+7+6+5+4+3+2+1)/11＝40/11$。

(2)链地址法如图 2-59 所示。

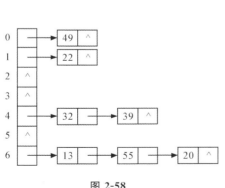

图 2-58

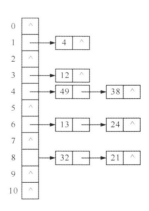
图 2-59

$ASL_{succ}＝(1×5+2×3)/8＝11/8$。

$ASL_{unsucc}＝(1+2+1+2+3+1+3+1+3+1+1)/11＝19/11$。

13.(1)

散列地址	0	1	2	3	4	5	6	7	8	9	10	11
关键字	231	89	79	25	47	16	38	82	51	39	151	
比较次数	1	1	1	1	2	1	2	3	2	4	3	

$ASL_{succ}=21/11$。

（2）二叉排序树如图 2-60 所示。

$ASL_{succ}=(1+2\times2+3+4\times2+5\times2+6+7+8)/11=47/11$。

（3）判定树如图 2-61 所示。

$ASL_{succ}=(1+2\times2+3\times4+4\times4)/11=33/11=3$。

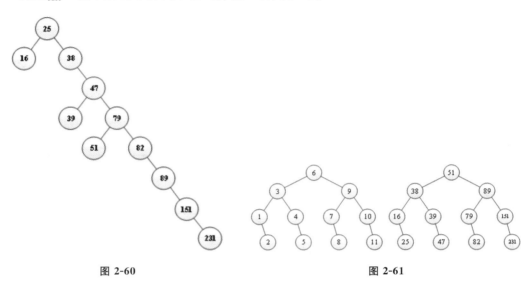

图 2-60 　　　　　　　　　　　　　　　图 2-61

14.（1）

散列地址	0	1	2	3	4	5	6	7	8	9	10	11	12
关键字	27	53	2			31	19	20	8	18			
比较次数	3	1	1			1	1	1	1	2			

（2）$ASL_{suss}=11/8$。

8　排序

一、单项选择题

1. C　2. B　3. B　4. A　5. D　6. C　7. C　8. D　9. A　10. D　11. B　12. B　13. C
14. C　15. C　16. A　17. C　18. D　19. C　20. A　21. B　22. A　23. A　24. D　25. C
26. B　27. B　28. C　29. C　30. B　31. D　32. B　33. D　34. B　35. B　36. D　37. D
38. A

二、填空题

1. $n-1$、$(n+2)(n-1)/2$　　2. 2　　3. $n-1$　　4. n　　5. 59 48 26 15 5 11 1

6. 15 5 11 1 26 61 59 71 48　　7. 希尔排序、选择排序、快速排序、堆排序

8. 冒泡、快速　　9. 堆排序、快速排序、归并排序、归并排序、快速排序、堆排序

10. $O(n\log_2 n)$、$O(1)$　　11. 稳定

12. 堆、只有堆排序在未结束全部排序前,可以有部分排序结果。建立堆后,堆顶元素就是最大(或最小,视大堆或小堆而定)元素,然后,调堆又选出次大(小)元素。

13.（1）int temp＝a[low];（2）a[low]＝a[high];（3）a[high]＝a[low];（4）low;
（5）QSort(a，pivotloc＋1,high);

三、综合题

1.快速排序　冒泡排序　直接插入排序　堆排序

2.直接插入排序：

265,301,751,129,937,863,742,694,76,438

265,301,751,129,937,863,742,694,76,438

快速排序：

76,129,265,751,937,863,742,694,301,438

76,129,265,438,301,649,742,751,863,937

堆排序：

301,694,863,265,438,751,742,129,76,937

76,694,751,265,438,301,742,129,853,937

3.（1）31,63,44,38,75,80,55,56

（2）(31,38,44)55(75,80,63,56)

（3）80,75,55,56,63,44,31,38

4.（1）快速排序一趟后的结果:25　35　16　40　72　87　61　50

（2）堆排序进行升序初始堆:87　72　61　50　40　16　25　35

（3）堆排序1趟以后的结果:72　50　61　35　40　16　25　87

（4）1趟冒泡排序后的结果:35　40　61　72　16　25　50　87

（5）1趟归并排序后的结果:35　40　61　87　16　72　25　50

5.20　15　21　25　47　27　68　35　84

　　15　20　21　25　35　27　47　68　84

　　15　20　21　25　27　35　47　68　84

6.（1）直接插入排序前两趟的结果：

第一趟 35214

第二趟 23514

（2）快速排序一次划分后的结果 12354。

（3）建成一个大顶堆的结果为 54213,然后将堆顶元素交换到最后,调整成堆的结果
为 43215。

7.（1）快速排序一次划分后的结果:435678。

（2）建成一个大顶堆的结果:876345。

8.（1）直接插入排序：

[2	12]	16	30	28	10	16 *	20	6	18
[2	12	16]	30	28	10	16 *	20	6	18
[2	12	16	30]	28	10	16 *	20	6	18
[2	12	16	28	30]	10	16 *	20	6	18
[2	10	12	16	28	30]	16 *	20	6	18

[2	10	12	16	16 *	28	30]	20	6	18
[2	10	12	16	16 *	20	28	30]	6	18
[2	6	10	12	16	16 *	20	28	30]	18
[2	6	10	12	16	16 *	18	20	28	30]

（2）希尔排序（增量选取 5,3,1）：

10	2	16	6	18	12	16 *	20	30	28（增量选取 5）
6	2	12	10	18	16	16 *	20	30	28（增量选取 3）
2	6	10	12	16	16 *	18	20	28	30（增量选取 1）

（3）冒泡排序：

2	12	16	28	10	16 *	20	6	18	[30]
2	12	16	10	16 *	20	6	18	[28	30]
2	12	10	16	16 *	6	18	[20	28	30]
2	10	12	16	6	16 *	[18	20	28	30]
2	10	12	6	16	[16 *	18	20	28	30]
2	10	6	12	[16	16 *	18	20	28	30]
2	6	10	[12	16	16 *	18	20	28	30]
2	6	10	12	16	16 *	18	20	28	30

（4）快速排序（一次划分后，左右两边分别（同时）划分）：

[6	2	10]	12	[28	30	16 *	20	16	18]
[2]	6	[10]	12	[18	16	16 *	20]	28	[30]
2	6	10	12	[16 *	16]	18	[20]	28	30
2	6	10	12	16 *	[16]	18	20	28	30

左子序列递归深度为 1，右子序列递归深度为 3。

（5）简单选择排序：

[2]	12	16	30	28	10	16 *	20	6	18
[2	6]	16	30	28	10	16 *	20	12	18
[2	6	10]	30	28	16	16 *	20	12	18
[2	6	10	12]	28	16	16 *	20	30	18
[2	6	10	12	16]	16 *	20	30	18	
[2	6	10	12	16	16 *]	28	20	30	18
[2	6	10	12	16	16 *	18]	20	30	28
[2	6	10	12	16	16 *	18	20]	28	30
[2	6	10	12	16	16 *	18	20	28]	30

（6）堆排序如图 2-62 所示。

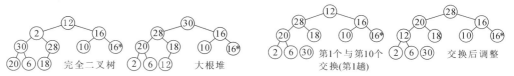

图 2-62

续图 2-62

9.（1）希尔排序（增量选取 5,3,1）：

44	18	6	42	94	55	12	67（增量选取 5）
12	18	6	42	67	55	44	94（增量选取 3）
6	12	18	42	44	55	67	94（增量选取 1）

（2）快速排序每一趟的排序结果：

第 1 趟：6　　18　　12　　42　　**44**　　94　　55　　67
第 2 趟：**6**　　18　　12　　42　　**44**　　67　　55　　**94**
第 3 趟：**6**　　12　　**18**　　42　　**44**　　55　　67　　**94**

（3）归并排序每一趟的排序结果：

　　　　　44　　　55　　　12　　　42　　　94　　　18　　　6　　　67
第 1 趟：44　　　55　　　12　　　42　　　18　　　94　　　6　　　67
第 2 趟：12　　　42　　　44　　　55　　　6　　　18　　　67　　　94
第 3 趟：6　　　12　　　18　　　42　　　44　　　55　　　67　　　94

（4）堆排序前三趟的排序结果如图 2-63 所示。

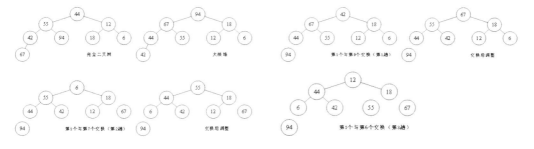

图 2-63

数据结构
实践教程（C 语言版）

10.（1）快速排序：

	19	23	47	30	26	7	14	10
第一趟:10	14	7	19	26	30	47	23	
第二趟:7	10	14	19	23	26	47	30	
第三趟:7	10	14	19	23	26	30	47	

（2）希尔排序：

第一趟增量为 3:14	10	7	19	23	47	30	26
第二趟增量为 2:7	10	14	19	23	26	30	47
第三趟增量为 1:7	10	14	19	23	26	30	47

（3）直接选择排序：

第一趟:7	23	47	30	26	19	14	10
第二趟:7	10	47	30	26	19	14	23
第三趟:7	10	14	30	26	19	47	23

11.（1）第一趟希尔排序：12,2,10,20,6,18,4,16,30,8,28 （D＝5）。

（2）第一趟快速排序:6,2,10,4,8,12,28,30,20,16,18。

（3）链式基数排序：

[0]	[1]	[2]	[3]	[4]	[5]	[6]	[7]	[8]	[9]
↓	↓	↓		↓		↓			
30	12	4		16		8			
↓	↓			↓		↓			
10	2			6		28			
↓						↓			
20						18			

收集：→30→10→20→12→2→4→16→6→8→28→18

第三部分 综合实践（连连看游戏）

1 实践目标

（1）了解项目业务背景，调研与连连看相同类型的游戏，了解连连看的功能和规则等。

（2）掌握C++开发工具和集成开发环境（Visual C++6.0 或 Microsoft Visual Studio 2010）。

（3）掌握C++面向对象的编程思想和C++的基础编程。

（4）理解 MFC 基本框架，能进行 MFC Dialog 和 GDI 编程。

（5）掌握数据结构和算法，能够设计和编写连连看消子、判断胜负、重排和提示等算法。

（6）理解企业软件开发过程，理解系统需求分析和设计，应用迭代开发思路进行项目开发。

（7）养成良好的编码习惯和培养软件工程化思维，综合应用C++编程、MFC Dialog、算法等知识，开发"连连看游戏"应用程序，达到掌握和应用线性结构核心知识的目的。

2 需求分析

2.1 项目介绍

"连连看"游戏是给一堆图片中的相同的图片进行配对的简单游戏，在一定的规则之内对相同的图片进行消除处理，在规定时间内消除所有图片后玩家就获胜。

"连连看"游戏只要将相同的两张牌用三根以内的直线连在一起就可以消除，规则简单，容易上手。在游戏中应用重排和提示功能，增强了游戏的趣味性，游戏积分排行榜使得游戏更具有竞争性。

游戏玩法如下：

1）一条直线消子

选择的两张图片花色相同，并且处于同一条水平线或者同一条垂直线上，并且两张图片之间没有其余的图片，则可以进行一条直线消子。

2）两条直线消子

选择的两张图片花色相同，既不在同一条水平线上，也不在同一条垂直线上，两张图片的连通路径至少由两条直线组成，两条直线经过的路径必须是空白，中间只要有一个非同种类的图片，该路径无效。

3）三条直线消子

使用一个折点的路径无法连通的两张图片，只能由三条直线连通，在该直线的路径上没有图片出现，只能是空白区域。

"连连看"游戏界面如图 3-1 所示。

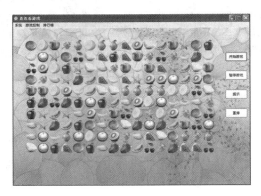

图 3-1

2.2 需求描述

"连连看"游戏是一款休闲游戏，为桌面应用程序，一般情况下使用 Windows 操作系统，用户就是游戏玩家。游戏玩家通过软件的界面进行游戏体验，软件对玩家用户的操作进行响应，并做出处理。游戏主要包括主界面、开始游戏、消子、判断胜负、重排和提示等功能。功能结构图如图 3-2 所示。

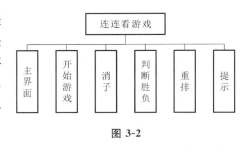

图 3-2

1）主界面

当启动游戏时，会显示游戏的界面，游戏界面像素大小为 800×550。在主界面上设置标题栏、布局系统菜单栏及游戏客户区。

2）开始游戏

进入游戏后，选择开始游戏，系统根据设置的主题风格生成一个图片布局，即游戏地图，以供玩家点击消除。

游戏地图像素大小为 640×400，是一个 10 行×16 列矩形，分成 160 个小正方形，存放 160 张连连看图片，每张图片像素大小为 40×40。

3）消子

对玩家选中的两张图片进行判断，是否符合消除的规则，只有符合一条、二条和三条直线消子的条件，图片对才会消失。

对于玩家选中的任意两图片，采用一条、二条和三条直线消子规则进行验证，图片满足消失条件，则瞬时显示连通路径，然后图片立即消失。

4）判断胜负

在进行游戏过程中，需要判断游戏的胜负。规则为，在设定时间内，例如 5 分钟内，将游戏地图中所有的图片都消除，则提示玩家获胜。

5）重排

选择重排功能时，系统会对游戏地图中剩下的图片进行重新排列，重新排列只是将所有的图片的位置随机互换，不会增减图片的种类与个数。重排之前没有图片的位置重排之后也不会有图片。

6）提示

当玩家选择提示功能时，提示玩家符合游戏规则可以消除的一对图片。如果游戏地图中没有能够消除的一对图片，则提示玩家没有能够消除的图片。

使用提示功能时，从游戏地图的左上角第一个没有消除的图片开始，查找另一张与它满足消子规则的图片，并将这两张图片从游戏地图中删除。

查找的顺序从第一行第一列开始，按照从左到右的顺序，直到第一行最后一个，如果没有相同的，从第二行第一列开始查找，依次类推。

3　系统设计

3.1　游戏规则和流程设计

1. 消子规则设计

消子规则有三种，分别如下：

1）一条直线连通规则（见图 3-3）

情况一：两图片紧密相邻，中间既没有空白也没有其他种类的图片。

情况二：两图片并非紧密相邻，中间没有其他图片，但是有一个或者多个空白。

2）两条直线连通规则

两图片既不在同一水平线上，也不在同一垂直线上，两张图片的连通路径由两条直线组成，即有一个折点（图 3-4 中圆点），两条直线经过的路径必须是空白，中间只要一个有其他图片，该路径无效，两图片无法连通。

3）三条直线连通规则

连通路径有三条直线，由两个折点组成（图 3-5 中 2 个圆点），在该直线的路径上没有图片出现，只能是空白区域。

垂直　　　　　　　水平　　　　　　实线和虚线是两条直线连通的路径　　实线和虚线是三条直线连通的路径

图 3-3　　　　　　　　　图 3-4　　　　　　　　　图 3-5

2. 消子业务流程设计

一条直线、两条直线和三条直线消子业务流程为：

（1）用户选择两张图片；

（2）判断两次是否选择了同一张图片；

（3）判断是否满足一条直线连通；

（4）判断是否满足两条直线连通；

（5）判断是否满足三条直线连通；

（6）如果两张图片连通，则从地图中消除，如果不连通，则不消除。

直线消子业务流程如图 3-6 所示。

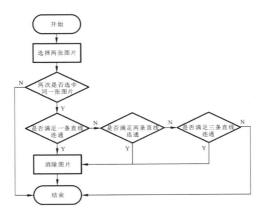

图 3-6

3.2 程序结构设计

1）解决方案和工程

本系统在开发过程中，LLK 工程代码放在一个 Lianliankan 解决方案中，如图 3-7 所示。

2）工程代码结构

工程中，将各代码文件平铺，如图 3-8 所示。

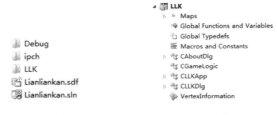

图 3-7   图 3-8

各代码文件的详细作用如表 3-1 所示。

表 3-1

类型（层）	名称	说明
应用程序	CLLKApp	应用程序入口类，启动主界面对话框
对话框	CLLKDlg	主界面对话框类，显示菜单和操作按钮，以及游戏地图，和用户进行交互
	CAboutDlg	关于界面
业务逻辑	CGameLogic	游戏业务逻辑类，处理相应的操作和游戏控制
全局 Global	VertexInformation	元素图片信息，为顶点信息结构体
	MAX_ROW、MAX_COL 等	定义全局常量信息

3.3 主界面设计

游戏主界面包括标题栏、菜单栏、客户区、游戏地图和控制按钮几个部分，界面布局如图 3-9 所示。

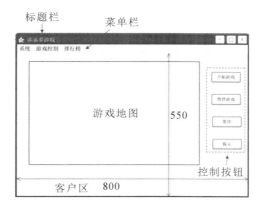

图 3-9

3.4 游戏地图和元素图片设计

1）游戏地图基本规则

（1）游戏地图由一张张小图片组成，图片的种类和重复次数与游戏的级别和难度有关。图片种类越多，重复次数越少，游戏的难度越大，反之则越容易。

（2）每种图片都有对应的编号，当点击的两张图片的编号相同时，说明两张图片是同类图片。

（3）因为两张同类的图片才能消除，为保证图片能完全消除，每种图片重复的次数一定是偶数，即 2 的倍数。

（4）地图的大小与图片种类之间的关系：

地图的行数×地图的列数＝图片的种类数×每种图片重复的次数

2）游戏地图大小和位置设计

（1）游戏地图的起始点坐标：（40，40），坐标系为客户区坐标系。

起始坐标在客户区左上角，X 轴向右为正，Y 轴向下为正。

（2）游戏地图为 10 行 16 列，共 160 张小图片。

（3）每张图片大小为 40×40，单位像素。

（4）游戏区域宽度为 40×16，高度为 40×10。

游戏地图的大小和位置设计如图 3-10 所示。

3）游戏地图中元素图片设计

"连连看"游戏地图由 160 张小图片组成，每张图片称为游戏地图的一个元素。每幅地图包含 16 张同类型的图片，称为一种主题风格，在项目中使用水果主题风格图片。收集水果主题的单张图片，大小为 40×40，共 20 张，文件格式任意，如图 3-11 所示。

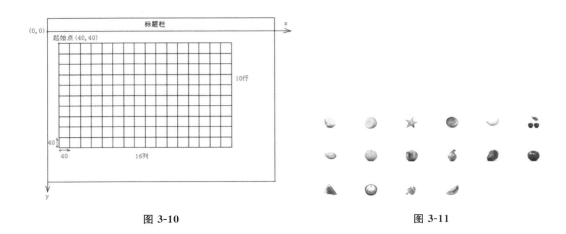

图 3-10   图 3-11

（1）元素图片的处理：按照一定的顺序，将 20 张小图片拼接成一张大图，大小为 40×
800，文件格式为 BMP，文件名为"fruit_element.bmp"，如图 3-12 所示。

图 3-12

（2）元素图片的保存：将游戏元素图片文件"fruit_element.bmp"放置到工程文件夹
LLK 下的"theme/picture"文件夹中。

4）游戏地图中掩码图片设计

制作一张与元素图片大小一致的掩码图片。元素图片中的背景变成黑色填充，前景变
成透明。图片格式为 BMP，文件名为"fruit_mask.bmp"。将掩码图片放置到工程文件夹
LLK 下的"theme/picture"文件夹中，如图 3-13 所示。

图 3-13

5）游戏所在窗口客户区背景图片设计

准备一张大小为 800×550 的位图作为主窗口客户区背景图片，文件名为"LLK_bg.
bmp"，并保存在工程文件夹 LLK 下的"theme\picture"文件夹中。本程序选用的背景图片
如图 3-14 所示。

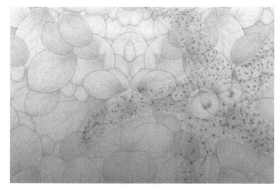

图 3-14

4　创 建 工 程

4.1　工作任务

使用 Microsoft Visual Studio 2010 创建基于 MFC Dialog 的程序作为"连连看"游戏工程。

本次迭代任务为：

（1）创建解决方案，名称为 Lianliankan。

（2）创建项目工程，名称为 LLK。

（3）基于 MFC 对话框（MFC Dialog），创建项目主窗口，名称为 CLLKDlg。

4.2　编程实现

1）搭建开发环境

（1）下载 Microsoft Visual Studio 2010 安装包。

下载地址为 http://www.microsoft.com/visualstudio/zh-cn/download。

（2）安装 Microsoft Visual Studio 2010。

打开安装包即可进行安装，在选择安装模式、安装的路径时，可以选择全部安装，也可以选择自定义安装。在自定义安装时，注意要选 Visual C++。

安装的路径最好是选择默认的安装路径。

（3）配置 Microsoft Visual Studio 2010。

安装成功之后，第一次打开 Microsoft Visual Studio 2010，需要设置默认的开发环境为"Visual C++ Development Settings"。

① 选择菜单"工具（Tools）—>导入导出设置（Import and Export Settings）"。

② 在设置向导中，选择"Reset all settings"。

③ 单击"Next"按钮。

④ 显示"是否保存当前设置"提示框，需要保存当前设置选择"Yes"。

⑤ 在向导对话框中，选择默认开发环境为"Visual C++ Development Settings"，单击"Finish"按钮，完成，如图 3-15 所示。

2）创建解决方案和工程

（1）创建解决方案。

打开 Microsoft Visual Studio 2010，在菜单栏中选择"File —> New —> Project"，打开新建对话框。

在新建对话框中，选择解决方案类型为"Other Project Types —> Visual Studio Solutions —> Blank Solution"，解决方案名为"Lianliankan"，单击"OK"按钮，完成创建，如图 3-16 所示。

图 3-15

图 3-16

（2）创建工程。

创建解决方案之后，选择"File —> New —> Project"，显示新建对话框。选择工程类型为"Visual C++—> MFC —> MFC Application"，输入工程名称 LLK，选中工程路径，然后在"Solution"下拉框中选择"Add to solution"，单击"OK"按钮，如图 3-17 所示。

（3）选择应用程序类型。

创建工程后，进入 MFC 应用程序向导界面。在应用程序向导的"Application Type"中，选择应用程序类型为"Dialog based"，然后单击"Next"进入下一步，如图 3-18 所示。

图 3-17

图 3-18

说明：

应用程序向导实质上是一个源代码生成器，利用它可以快速创建各种风格的应用程序框架，自动生成程序通用的源代码，大大减轻了编写代码的工作量。MFC 可以创建三种类型的应用程序，在此选择基于对话框应用程序，即 MFC Dialog 应用程序。

（4）完成创建工程。

单击"Finish"按钮完成工程的创建，创建完成后，在工程中可以看到图 3-19 所示的内容。

解决方案资源管理器　　类视图　　资源视图

图 3-19

3）编译和运行应用程序

使用 Microsoft Visual Studio 2010 应用程序向导创建的工程，会自动生成程序框架的源代码，开发人员不用添加任何其他代码，就可以直接对程序进行编译、连接和运行。

单击"Build"菜单，选择"Build Solution"，可以编译应用程序。编译完成后，单击"Debug"菜单，选择"Start Without Debugging"运行程序。

> 说明：
> 在 MFC Dialog 程序中，对 WinMain 函数进行了封装，而提供了一个 CWinApp 类来作为一个应用程序类。每个 MFC 应用程序类从 CWinApp 类派生，在程序中，只有一个全局的应用程序类对象 theApp。在程序启动时，首先调用应用程序类的构造函数来构造 theApp 对象，然后调用应用程序的 InitInstance() 函数来初始化应用程序。MFC 提供 InitInstance() 函数给开发人员作为 MFC 应用程序的入口。

"连连看"游戏项目运行过程如图 3-20 所示。

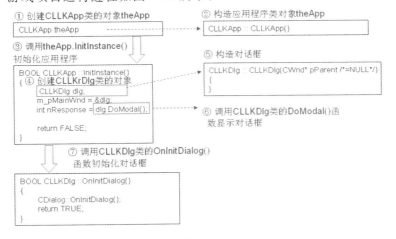

图 3-20

5　主　界　面

5.1　工作任务

在"创建工程"的基础上进行迭代开发。

本次迭代任务为：

结合"系统设计—＞主界面设计"内容，布局主界面，并添加控件和菜单。

（1）编辑主界面 CLLKDlg，设置该窗体属性、图标和窗口大小。

（2）在主界面上布局四个按钮控件，分别为开始游戏、暂停游戏、重排、提示。

（3）在主界面上添加主菜单，主菜单包括系统、游戏控制和排行榜。

主界面包括标题栏、菜单栏、客户区、游戏地图和控制按钮几个部分，效果图如图 3-21 所示。

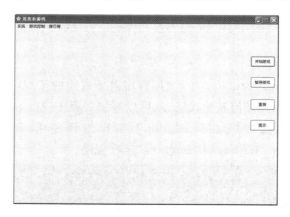

图 3-21

5.2　编程实现

1）编辑主界面对话框

（1）打开主界面对话框 CLLKDlg。

在 MFC 中，对话框资源和对话框类是通过对话框的资源 ID 进行关联的，每个对话框类都有一个对应的对话框。

选择主界面对话框类 CLLKDlg，单击右键，选择"Go To Dialog"，打开主界面对话框资源，如图 3-22 所示。或者在资源视图，双击主界面对话栏资源，打开对话框资源。

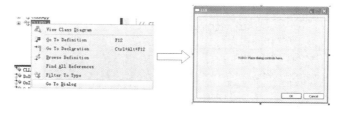

图 3-22

（2）修改对话框属性。

通过对话框属性编辑器修改对话框的属性。选中对话框编辑器，单击右键，选择"Properties"选项，打开对话框属性编辑器。

在对话框属性编辑器中修改 Caption 属性为"连连看游戏"，修改 Border 属性为 Dialog Frame，修改 ID 为 IDD_LLK_DIALOG，如图 3-23 所示。

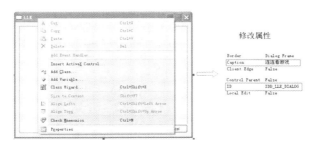

图 3-23

（3）修改对话框图标。

设计一个 LLK.ico 文件，并使用设计的 LLK.ico 文件，替换创建工程时默认产生的 LLK.ico 文件，来修改对话框的图标。

在工程目录 res 文件夹中，找到对话框图标"LLK.ico"。将需要设置为对话框图片的.ico 文件命名为"LLK.ico"，替换工程目录 res 中默认的 LLK.ico 文件，如图 3-24 所示。

图 3-24

2）添加控件

（1）在对话框中添加按钮控件。

Microsoft Visual Studio 2010 可视化工具为用户提供了 Toolbox 工具栏，可以从中直接拖入控件到对话框编辑器上。单击"View"菜单，选择"Toolbox"，显示工具箱。

在主对话框编辑器中，删除对话框资源中默认产生的控件，并重新添加四个按钮控件。在添加按钮控件时，应用 Toolbox 来进行操作。在 Toolbox 中，选中 Button 按钮图标，将其拖拽到对话框中，释放按键后，就在对话框中布置了一个按钮控件。布置完成后如图 3-25 所示。

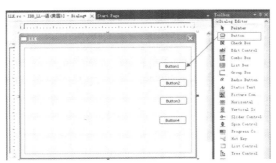

图 3-25

（2）修改按钮控件属性。

通过按钮控件属性框修改四个控件的属性，主要修改 ID 和 Caption。选中某一个按钮，单击右键，选择"Properties"，打开属性框，在其中修改 ID 和 Caption。四个按钮属性设置如图 3-26 所示。

序号	控件	修改 ID 属性	修改 Caption 属性
1	Button1	IDC_BTN_START	开始游戏
2	Button2	IDC_BTN_PAUSE	暂停游戏
3	Button3	IDC_BTN_RESET	重排
4	Button4	IDC_BTN_PROMPT	提示

图 3-26

3）添加菜单

在 MFC 中，菜单是作为一种资源来使用的，为了玩家操作方便，可以为主对话框窗口添加菜单。"连连看"游戏菜单选项设计如图 3-27 所示。

主菜单	子菜单	功能
系统	开始	开始游戏
	暂停/继续	暂停/继续游戏
	设置	设置主题和音效
	退出	退出游戏
游戏控制	提示	使用提示功能
	重排	使用重排功能
排行榜		查看排行榜

图 3-27

在 MFC 中，添加菜单的主要步骤包括添加菜单资源、编辑菜单、添加子菜单、设置菜单属性和加载菜单。

（1）添加菜单资源。

在资源视图中右键单击 LLK. rc ＊，在弹出的菜单中选择 Add Resource，弹出 Add Resource 对话框，在 Resource type 栏中选择 Menu，然后单击"New"按钮，可以添加菜单，如图 3-28 所示。

（2）编辑菜单。

通过属性编辑器修改菜单 ID 为 IDR_MENU_MAIN，双击资源视图中的菜单资源，在编辑区中会显示菜单项，依次编辑系统、游戏控制和排行榜各菜单，如图 3-29 所示。

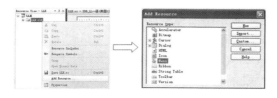

图 3-28

图 3-29

（3）添加子菜单。

根据主菜单设计，逐个添加子菜单，如图 3-30 所示。在每一个子菜单中，可以使用分割线进行分割，添加分割线的方法为修改 Caption 属性为"一"，此时 Separator 属性会自动修改为 True，即为分割线。

图 3-30

（4）设置菜单属性。

常用的菜单属性包括 ID、菜单名字、Popup、分割线等，如图 3-31 所示。

属性	功能描述	属性	功能描述
ID	菜单项ID	Caption	菜单项名字
Checked	选择菜单项后在前面打钩	Enabled	设置菜单项是否有效
Grayed	将菜单项置灰	Popup	设置是否有子菜单
Prompt	显示菜单项提示信息	Separator	设置分隔线

图 3-31

按图 3-32 所示内容，设置各菜单项的属性。

主菜单			子菜单		
ID	Caption	Popup	ID	Caption	Popup
无	系统	True	ID_MENU_START	开始	False
			ID_MENU_PAUSE	暂停\继续	False
			ID_MENU_SET	设置	False
			ID_APP_EXIT	退出	False
无	游戏控制	True	ID_MENU_PROMPT	提示	False
			ID_MENU_RESET	重排	False
ID_MENU_RANK	排行榜	False			

图 3-32

（5）加载菜单。

加载菜单的方式有 2 种，即静态加载菜单和动态加载菜单。

● 静态加载菜单：

在主对话框 CLLKDlg 的 Menu 属性中添加菜单 ID，选择"IDR_MENU_MAIN"。

● 动态加载菜单：

① 创建 CMenu 菜单对象。

在 CLLKDlg 类中添加 protected 属性 CMenu m_Menu。

② 将菜单资源加载到 CMenu 对象上。

在 CLLKDlg 类的 OnInitDialog（）方法中，调用 CMenu::LoadMenu（）函数，将菜单资源加载到菜单对象 m_Menu 中。

③ 设置显示菜单栏。

在 CLLKDlg 类的 OnInitDialog（）方法中，调用 SetMenu（）函数，将菜单显示在对话框中。

动态加载菜单编程如图 3-33 所示。

4）修改主窗口对话框大小

通过代码修改游戏窗口大小，使窗口客户区大小为 800×550。

（1）为 CLLKDlg 类添加成员方法 UpdateWindow()，访问权限为 protected，用来调整窗口大小。

（2）使用 GetWindowRect()函数获得窗口大小。

（3）使用 GetClientRect()函数获得客户区大小。

（4）计算标题栏和外边框大小。

（5）使用 MoveWindow()函数设置窗口大小。

修改主窗口大小编程如图 3-34 所示。

```
BOOL CLLKDlg::OnInitDialog()
{
    ......
    // 加载菜单
    m_Menu.LoadMenu(IDR_MENU_MAIN);

    // 设置菜单
    SetMenu(&m_Menu);
    ......
}
```

图 3-33

```
void CLLKDlg::UpdateWindow(void)
{
    // 调整窗口大小
    CRect rtWin;
    GetWindowRect(rtWin);       // 获得窗口大小
    CRect rtClient;
    GetClientRect(rtClient);    // 获得客户区大小
    // 标题栏和外边框的大小
    int nSpanWidth = rtWin.Width() - rtClient.Width();
    int nSpanHeight = rtWin.Height() - rtClient.Height();
    // 设置窗口大小
    MoveWindow(0, 0, 800 + nSpanWidth, 550 + nSpanHeight);
}
```

图 3-34

（6）在 CLLKDlg::OnInitDialog()中调用 UpdateWindow()，实现修改主窗口大小。

6　定义游戏数据

6.1　工作任务

在"主界面"的基础上进行迭代开发。

本次迭代任务为：

结合"系统设计－＞游戏地图设计"内容，设计游戏地图的相关数据，定义存储结构。游戏地图相关的数据包括游戏地图、单个图片元素和游戏区域。

（1）设计和定义游戏地图的存储结构。

（2）设计和定义游戏地图中每个图片元素的存储结构。

（3）设计和定义游戏区域的存储结构。

6.2　编程实现

1）创建游戏逻辑类 CGameLogic

创建游戏逻辑类，主要处理游戏地图存储、游戏算法等。

（1）在类视图下，右击工程名，选择 Add－＞Class，弹出 Add Class 对话框，选择 C++

Class，单击"Add"按钮，弹出 Generic C++ Class Wizard 对话框，如图 3-35 所示。

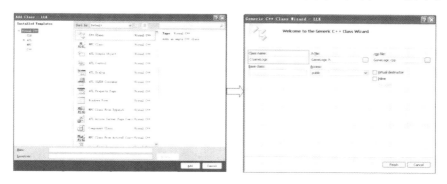

图 3-35

（2）在 Class name 里面输入 CGameLogic，单击"Finish"按钮，完成 CGameLogic 类的添加。

2）定义游戏地图存储结构

对于游戏地图数据，可以使用数组、链表、图等数据结构来存储。本项目使用二维数组来存储游戏地图，其中数组的索引表示图片所在的行和列，数组元素值表示图片的编号（以 4×4 的局部小地图为例）。

（1）用整型二维数组存储地图中元素图片编号。

用 int 类型的二维数组（int m_aMap[4][4]）存储地图中元素图片的编号。在本项目中，由于有 20 种图片，编号从 0 至 19。当某个位置没有图片（显示游戏背景）时，用"−1"来表示，即空图片值。数组和图片元素对应关系如图 3-36 所示。

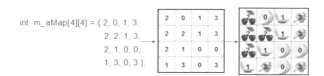

图 3-36

使用二维数组来保存游戏地图，数组元素的值代表对应的游戏地图元素，通过 m_aMap 下标，可以获得某行某列对应的图片元素数值，如图 3-37 所示。

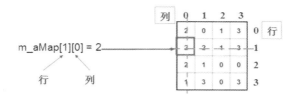

图 3-37

（2）定义二维数组。

游戏逻辑类 CGameLogic 处理游戏的逻辑判断，因此游戏地图定义在游戏逻辑类中。为 CGameLogic 类添加 int 型成员变量 m_aMap[10][16]，访问权限为 protected，如图 3-38 所示。

（3）初始化二维数组。

在 CGameLogic 类的构造函数里对二维数组进行初始化，因为游戏未开始时，游戏地图为空，故所有的元素都设置为 -1，如图 3-39 所示。

```
class CGameLogic
{
// ......
protected:
    int m_aMap[10][16];    // 游戏地图数组
};
```

图 3-38

```
CGameLogic::CGameLogic(void)
{
    for(int i = 0; i < 10; i++)
    {
        for(int j = 0; j < 16; j++)
        {
            m_aMap[i][j] = -1;
        }
    }
}
```

图 3-39

3）定义图片元素存储结构

游戏地图中的每个图片元素包含三项信息：行号、列号和图片的编号。为了方便在各类相关方法之间传递图片元素信息，可以定义结构体来存储图片元素信息。定义顶点结构体 VERTEX 来存储地图中每个元素的信息，结构体的成员包括图片元素所在的行号、列号及图片的编号。

因为 VERTEX 结构体是用来在界面窗体与游戏逻辑类之间传递地图数据信息的，属于公共的数据类型，因此可以添加一个 Global.h 文件，在 Global.h 文件中定义 VERTEX 结构体。这样，在使用该结构体中的类时只需要引入这个头文件，就可以使用 VERTEX 数据类型了。

（1）添加 Global.h 文件。

在解决方案视图里，右击 Header Files，选择 Add->New Item，如图 3-40 所示。

在弹出的对话框中间那一栏里选择 Header File（.h），在下面 Name 栏里输入头文件的名称 Global，在 Location 栏里选择默认的当前工程的路径，如图 3-41 所示。

图 3-40

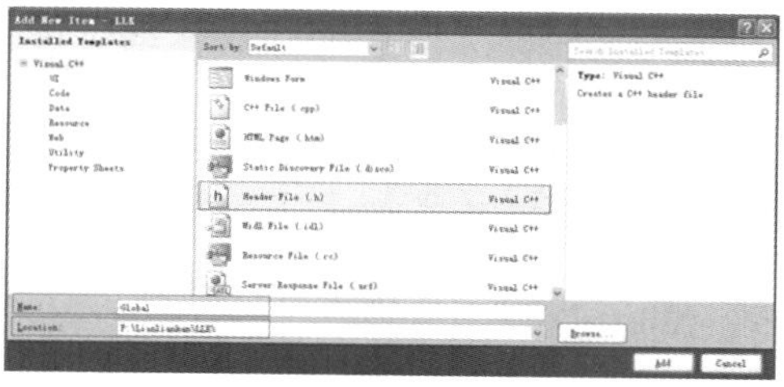

图 3-41

（2）在 Global.h 中定义 VERTEX 结构体。

在 Global.h 文件里定义 VERTEX 结构体，如图 3-42 所示。

4）在 Global.h 中定义地图相关常量数据

在程序中，有些常量数据用的比较频繁，比如游戏地图的起始点坐标、每个图片元素的宽度和高度等。为了方便阅读和程序扩展，可以将这些经常用的数据定义成宏。

采用不带参数的宏定义，宏定义就是用一个指定的标识符来代表一个字符串，通过 #define 命令来实现，格式为"#define 标识符字符串"。

在程序中，需要对图 3-43 所示的地图相关内容，定义常量数据，在 Global.h 文件中，使用＃define 语句将图 3-43 所示的数值定义为宏。

```
// 定义顶点结构体
typedef struct VertexInformation{
    int nRow;           // 行
    int nCol;           // 列
    int nPicNum;        // 图片编号
}VERTEX;
```

图 3-42

宏	数值	含义
MAX_ROW	10	游戏地图最大行数
MAX_COL	16	游戏地图最大列数
WIDTH	800	客户区宽度
HEIGHT	550	客户区高度
MAP_TOP	40	游戏地图起始点Y坐标
MAP_LEFT	40	游戏地图起始点X坐标
PIC_WIDTH	40	游戏元素图片宽度
PIC_HEIGHT	40	游戏元素图片高度
BLANK	-1	空图片的值

→

```
#define MAX_ROW     10  // 地图行数
#define MAX_COL     16  // 地图列数

#define WIDTH       800 // 客户区宽度
#define HEIGHT      550 // 客户区高度

#define MAP_TOP     40  // 游戏地图起始点Y坐标
#define MAP_LETF    40  // 游戏地图起始点X坐标

#define PIC_WIDTH   40  // 游戏元素图片宽度
#define PIC_HEIGHT  40  // 游戏元素图片高度

#define BLANK       -1  // 空图片的值
```

图 3-43

5）定义游戏区域存储结构

当玩家在游戏地图上点击图片元素时，需要判断鼠标点击的位置是否在游戏区域，即是否点击在游戏地图上面，因此需要知道游戏区域的坐标范围。对于游戏区域的坐标范围，有以下四种表示方法：

（1）用四个 int 型常量（变量）来分别表示游戏区域左上角和右下角坐标；

（2）用两个 CPoint 类对象来分别表示游戏区域左上角和右下角坐标；

（3）用 CPoint 类对象表示左上角坐标，用 CSize 类对象表示矩形区域大小。

（4）直接用 CRect 类对象来表示游戏矩形区域范围。

考虑到使用 CRect 类对象比较简单，并且在后面的游戏地图刷新中会用到 CRect 类对象，因此采用第四种方法。

（1）定义 CRect 类对象。

定义 CRect 类对象来保存游戏区域的范围，因为游戏地图的显示和刷新主要由主界面窗体 CLLKDlg 处理，故 CRect 对象定义在 CLLKDlg 中。

为 CLLKDlg 类添加 CRect 型成员变量 m_rtGame，访问权限为 protected。

```
class CLLKDlg : public CDialogEx
{
//……
protected:
        CRect m_rtGame;     // 游戏地图大小
}
```

（2）初始化 CRect 对象。

CRect 类常用来描述一个矩形区域，它有四个成员变量：

top：表示矩形左上角 Y 坐标；

left：表示矩形左上角 X 坐标；

bottom：表示矩形右下角 Y 坐标；

right：表示矩形右下角 X 坐标。

在 CLLKDlg 类的构造函数里对 m_rtGame 进行初始化，初始化时给四个成员变量赋值。游戏地图起始点坐标为（40，40），地图宽度为 16×40，高度为 10×40。

```
CLLKDlg::CLLKDlg(CWnd* pParent /*= NULL*/): CDialogEx(CLLKDlg::IDD, pParent)
{
        m_hIcon= AfxGetApp()->LoadIcon(IDR_MAINFRAME);
```

```
// 初始化游戏地图坐标,即区域范围
m_rtGame.left=MAP_LEFT;
m_rtGame.top=MAP_TOP;
m_rtGame.right=m_rtGame.left+MAX_COL* PIC_WIDTH;
m_rtGame.bottom=m_rtGame.top+MAX_ROW* PIC_HEIGHT;
}
```

7 绘制游戏地图

7.1 工作任务

在"定义游戏数据"的基础上进行迭代开发。

本次迭代任务为:

绘制游戏地图,当玩家在主界面上单击"开始游戏"按钮或"开始"菜单项时,绘制主界面背景图片和游戏地图,开始游戏。游戏地图为 10 行 16 列,图片的花色与顺序固定。

(1) 游戏地图区域。

① 游戏地图起始点(40,40),单位像素。

② 游戏地图大小:10 行,16 列。

③ 每张图片大小:40×40,单位像素。

④ 游戏地图中包含 16 种图片,每种图片出现 10 次。

⑤ 图片按照不规则的顺序排列。

(2) 主界面背景图片。

结合"系统设计->游戏地图设计"中"游戏所在窗口客户区背景图片设计",在主界面绘制背景图片,见"LLK_bg.bmp"位图。

(3) 元素图片。

结合"系统设计->游戏地图设计"中"游戏地图中元素图片设计",在游戏区域应用的元素图片,见"fruit_element.bmp"位图。

(4) 掩码图片。

结合"系统设计->游戏地图设计"中"游戏地图中掩码图片设计",在游戏区域应用的掩码图片,实现透明位图显示,见"fruit_mask.bmp"位图。

绘制游戏地图结果,如图 3-44 所示。

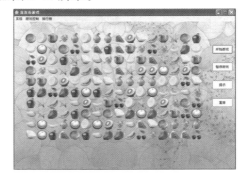

图 3-44

7.2　编程实现

1）绘制主界面客户区背景图片

（1）创建内存 DC。

因为 BitBlt()只能实现位图之间的拷贝，所以需要创建一个内存 DC，并为它加载一个空的位图。

① 为 CLLKDlg 类添加一个 CDC 类型的成员变量 m_dcMem，访问权限为 protected。

② 为 CLLKDlg 类添加一个 InitBackground()方法，访问权限为 protected，用来初始化游戏背景。

③ 在 InitBackground()方法中添加代码，为 m_dcMem 加载一个空的位图文件。

```
void CLLKDlg::InitBackground(void)
{
// 获得当前对话框的视频 DC
CClientDC dc(this);
// 创建与视频 DC 兼容的空的位图
CBitmap bmp;
bmp.CreateCompatibleBitmap(&dc, WIDTH, HEIGHT);
m_dcMem.CreateCompatibleDC(&dc);
m_dcMem.SelectObject(&bmp);
}
```

（2）在主界面上绘制空的位图文件。

在 CLLKDlg::OnPaint()函数的 else 语句中，调用 CDC::BitBlt()函数，将位图从内存 DC 拷贝到视频 DC 中，进行显示。

```
void CLLKDlg::OnPaint()
{
    if(IsIconic())
    {
        //……
    }
    else
    {
        CPaintDC dc(this);
        // 绘制背景图片
        dc.BitBlt(0, 0, WIDTH, HEIGHT, &m_dcMem, 0, 0, SRCCOPY);
        CDialogEx::OnPaint();
    }
}
```

（3）在主界面上绘制空白位图背景图片。

在 CLLKDlg 的 OnInitDialog()方法中调用 InitBackground()方法，实现绘制空白位图背景图片。编译和调试运行，如图 3-45 所示。

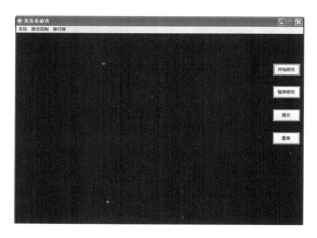

图 3-45

（4）在主界面上绘制背景图片。

在上面程序中，调试运行后发现，主界面窗体客户区背景为黑色。因为空的位图默认的是所有的像素点都为 RGB(0,0,0)，所以整个界面背景是黑色的。为了让背景看起来美观，可以为游戏绘制一个背景图片。

在"系统设计—>游戏地图设计"中，设计一张背景图片，位于工程目录下的 theme\picture 文件夹中，文件名为"LLK_bg. bmp"。

① 为 CLLKDlg 类添加一个 CDC 类型的成员变量 m_dcBG，访问权限为 protected。

② 在 InitBackground() 函数里添加代码加载背景图片，并将背景图片拷贝到内存 DC 中。

```
void CLLKDlg::InitBackground(void)
{
    //……
    // 加载 BMP 图片资源
HANDLE hBmpBG=::LoadImage(NULL, _T("theme\\picture\\LLK_bg.bmp"),
                          IMAGE_BITMAP, 0, 0, LR_LOADFROMFILE);
    // 创建与视频 DC 兼容的背景 DC
    m_dcBG.CreateCompatibleDC(&dc);
    // 将位图资源选入背景 DC
    m_dcBG.SelectObject(hBmpBG);
    // 将背景图片拷贝到内存 DC 中
    m_dcMem.BitBlt(0, 0, WIDTH, HEIGHT, &m_dcBG, 0, 0, SRCCOPY);
}
```

2）绘制游戏地图

（1）将元素图片加载到元素内存 DC 中。

在"系统设计—>游戏地图设计"中，设计一张游戏元素图片，位于工程目录下的 theme\picture 文件夹中，文件名为"fruit_element. bmp"。

① 为 CLLKDlg 类添加 CDC 类型的成员变量 m_dcElement，访问权限为 protected。

② 为 CLLKDlg 类添加成员方法 InitElement()，访问权限为 protected，用来将图片加

载到程序中。

③ 在 InitElement()函数中创建 HANDLE 对象，并调用 Windows API 函数 LoadImage()加载位图。

④ 在 InitElement()函数中使用 CreateCompatibleDC()函数创建与视频 DC 兼容的内存 DC，即 m_dcElement。

⑤ 在 InitElement()函数中使用 SelectObject()函数将位图资源选入 m_dcElement。

⑥ 在 OninitDialog()函数中调用 InitElement()函数将位图加载到程序中。

将元素图片位图加载到内存 DC 的代码如下：

```
void CLLKDlg::InitElement()
{
    // 加载图片资源
    HANDLE hElement= ::LoadImage(NULL, _T("theme\picture\fruit_element.bmp"),
                    IMAGE_BITMAP, 0, 0, LR_LOADFROMFILE);
    // 创建与视频 DC 兼容的内存 DC
    CClientDC dc(this);
    m_dcElement.CreateCompatibleDC(&dc);
    // 将位图资源选入 DC
    m_dcElement.SelectObject(hElement);
}
```

（2）初始化游戏地图。

为 CGameLogic 类添加成员方法 InitMap()，访问权限为 public，用来初始化游戏地图。

在函数中为二维数组 m_aMap 赋值，数组元素在 0，1，…，15 之间取值，并且每个数值出现的次数都为 10。

```
void CGameLogic::InitMap()
{
    // 默认为游戏地图中元素设置固定值
    int nTempMap[MAX_ROW][MAX_COL]={
        11,  0,  4,  3,  7,  0,  7,  7,  5,  8,  1,  6,  4,  9,  11, 14,
        10, 12,  9, 11,  2,  1,  5, 14,  5,  4,  3,  2,  3, 10, 15, 10,
        2,  8,  0, 14,  9,  1, 13,  3,  4, 10,  4,  5,  9,  6,  1,  4,
        11,  3, 13,  9, 15,  6,  5, 10,  5,  9,  8,  8, 12,  6,  8, 11,
        4,  4,  0,  8, 10,  6,  1,  1,  7,  7,  7,  7,  0,  0,  2,  1,
        14, 15,  2, 15, 14, 12, 14,  6, 13,  8,  0, 12, 10, 10, 13,  3,
        14,  9,  6,  9, 13,  8, 10,  4,  2,  0,  9,  0,  8,  3, 11,  2,
        13,  9, 15,  6, 14, 11, 13, 11,  1, 15, 12, 15,  6,  4,  2, 12,
        13, 12, 10,  7, 12,  0, 12,  8,  3, 13,  5,  1, 11,  7,  3,  7,
        1, 12, 14,  5, 11, 14, 13, 15, 15,  6,  2,  3, 15,  5,  5,  2,};
    // 给游戏地图数组赋值
    for(int i=0; i <MAX_ROW; i++)
    {
        for(int j=0; j <MAX_COL; j++)
```

```
            {
                m_aMap[i][j]=nTempMap[i][j];
            }
        }
    }
```

（3）绘制元素图片到内存 DC。

① 为 CLLKDlg 类添加 CGameLogic 类型的成员变量 m_GameLogic，访问权限为 protected。

② 为 CGameLogic 类添加成员方法 GetElement()，访问权限为 public，用来通过图片元素所在的行号和列号，从游戏逻辑类中获取图片编号。

```
int CGameLogic::GetElement(int nRow, int nCol)
{
    return m_aMap[nRow][nCol];
}
```

③ 为 CLLKDlg 类添加成员方法 UpdateMap()，访问权限为 protected，用来将游戏地图绘制到内存 DC 中。在该方法中会调用 CGameLogic::GetElement() 函数来获取图片编号。

依次从游戏地图数组 m_aMap 中获取相应位置上图片元素的编号，并将对应编号的图片绘制到 m_dcMem 中的相应位置上。

```
void CLLKDlg::UpdateMap()
{
    // 绘制游戏地图
    for(int i=0; i <MAX_ROW; i++)
    {
        for(int j=0; j <MAX_COL; j++)
        {
            // 目标图片的起始点坐标
            int nElementX=j* PIC_WIDTH+MAP_LETF;
            int nElementY=i* PIC_HEIGHT+MAP_TOP;
            // 源图片的起始点坐标
            int nSourceX=0;
            int nSourceY=m_GameLogic.GetElement(i, j)* PIC_HEIGHT;
            // 将位图绘制到内存 DC 中
            m_dcMem.BitBlt(nElementX, nElementY, PIC_WIDTH, PIC_HEIGHT, &m_dcElement, nSourceX, nSourceY, SRCCOPY);
        }
    }
}
```

> 说明：
> 通过菜单"开始"或主界面上的"开始游戏"按钮操作，将游戏地图重绘到主界面游戏地图区域。

3）删除各类 DC

在绘制完图片之后，要使用 DeleteDC（）函数删除掉所有创建的 DC。本程序在 CLLKDlg 类的析构函数里删除。在 CLLKDlg 中声明析构函数～CLLKDlg（），并编写程序删除所创建的 DC。

```
CLLKDlg::~CLLKDlg()
{
    // 删除 DC
    m_dcMem.DeleteDC();
    m_dcBG.DeleteDC();
    m_dcElement.DeleteDC();
}
```

4）在主界面重绘游戏区域

（1）添加按钮消息响应函数。

利用类向导为"开始游戏"按钮添加消息响应函数 OnClickedBtnStart（）。

① 在类视图下，选择 CLLKDlg，右击，弹出类向导对话框。

② 选择 Commands 标签页，在 Object IDs 列表框中选择 IDC_BTN_START，在 Message 列表框中选择 BN_CLICKED。

③ 右键双击 BN_CLICKED，弹出添加成员函数对话框，在对话框中输入消息响应函数的名称 OnClickedBtnStart，单击"OK"按钮。

④ 添加函数成功之后，在下面的 Member functions 栏里可以看到新添加的函数映射信息，如图 3-46 所示。单击"OK"按钮，关闭对话框，添加成功。

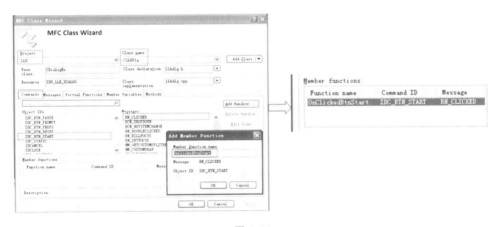

图 3-46

（2）绘制游戏地图。

① 在"开始游戏"按钮消息响应函数 OnClickedBtnStart（）中调用 CGameLogic::InitMap（）和 CLLKDlg::UpdateMap（）函数来初始化并绘制地图。

```
void CLLKDlg::OnBnClickedButton1()
{
    // 初始化地图
    m_GameLogic.InitMap();
```

```
        // 绘制地图
        UpdateMap();
    }
```

编译运行程序，发现单击"开始游戏"按钮，并没有显示游戏地图，而将主界面对话框最小化后再打开主界面时，游戏地图就出现了，说明单击按钮之后，程序没有立即响应 WM_PAINT 消息来重绘界面。

② 响应 WM_PAINT 消息绘制游戏地图区域。

对于在窗口中绘图，最重要的消息是 WM_PAINT 消息，此消息要求窗口重新绘制内容。当响应 WM_PAINT 消息时，系统会调用 OnPaint()函数重新绘制界面。

系统会在多个不同的时机发送 WM_PAINT 消息：当第一次创建一个窗口时，当改变窗口的大小时，当把窗口从另一个窗口背后移出时，当最大化或最小化窗口时。

在本程序中应用使窗口客户区无效，触发 WM_PAINT 消息，进行重绘。

Invalidate()和 InvalidateRect()函数的作用都是使窗口客户区无效，导致客户区需要重绘。Invalidate()函数是使整个客户区无效，而 InvalidateRect()是使客户区某个矩形区域无效。

在本程序中因为游戏地图的绘制只在客户区一小块矩形区域内进行，因此只需要调用 InvalidateRect()函数进行局部区域重绘即可。

在调用 CLLKDlg∷UpdateMap（）函数绘制游戏地图之后，再在该函数中调用 InvalidateRect()函数，重绘游戏区域。其中，游戏地图区域范围 m_rtGame 值已经在"定义游戏数据→定义游戏区域存储结构"中进行定义。

```
        void CLLKDlg::OnBnClickedButton1()
        {
            // 初始化地图
            m_GameLogic.InitMap();
            // 绘制地图
            UpdateMap();
            // 刷新游戏区域
            InvalidateRect(m_rtGame);
        }
```

编译和调试运行，单击主界面上的"开始游戏"按钮，如图 3-47 所示。

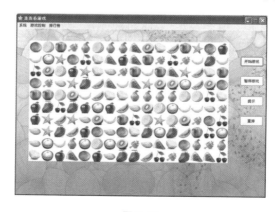

图 3-47

（3）为菜单项添加消息响应函数。

为菜单项"系统"—>"开始"添加消息响应函数，使通过单击"开始"菜单项也能够绘制游戏地图。为菜单项"开始"添加消息响应函数有以下两种方法：

① 使用类向导添加函数；

② 通过添加消息映射代码来添加函数。

因为通过单击"开始"菜单项和单击"开始游戏"按钮所进行的操作都是绘制游戏地图，即两个响应函数的内容是一样的，因此可以通过添加消息映射代码将"开始"菜单项的消息响应函数绑定到 OnClickedBtnStart()上，进行函数的复用。

在 CLLKDlg 中 BEGIN_MESSAGE_MAP()和 END_MESSAGE_MAP()之间加入单击菜单项响应的 COMMAND 消息，如图 3-48 所示。

```
BEGIN_MESSAGE_MAP(CLLKDlg, CDialogEx)
    ON_WM_SYSCOMMAND()
    ON_WM_PAINT()
    ON_WM_QUERYDRAGICON()
    ON_BN_CLICKED(IDC_BTN_START, &CLLKDlg::OnClickedBtnStart)
    ON_COMMAND(ID_MENU_START, &CLLKDlg::OnClickedBtnStart)    消息映射代码
END_MESSAGE_MAP()
```

图 3-48

5）绘制透明位图

虽然游戏地图绘制出来了，但是图片的白色背景看起来总是很不美观，那么如何消除图片的白色背景呢？采用透明位图处理，绘制透明位图，消除元素图片的白色背景，来优化游戏地图显示界面。

在"系统设计—>游戏地图设计"中，设计一张掩码图片，位于工程目录下的 theme\picture 文件夹中，文件名为"fruit_mask.bmp"。

在绘制透明位图的时候，采用了贴图的思想，每个 DC 可以当作一个画布，依次将 m_dcMask 和 m_dcElement 上的图片贴在 m_dcMem 中的背景图片上，重合的部分利用掩码来处理，最终将 m_dcMem 上的图片一次性绘制到视频 DC 中。利用掩码绘制透明位图的步骤如下：

第一步：将游戏背景图片保存到内存 DC(m_dcMem)中。

第二步：将元素图片保存到显示元素 DC(m_dcElement)中。

第三步：将掩码图片保存到掩码内存 DC(m_dcMask)中。

第四步：将游戏背景图片与掩码图片相或，保存到内存 DC(m_dcMem)中。

第五步：将元素图片与背景图片相与，保存到内存 DC(m_dcMem)中。

利用掩码绘制透明位图的步骤示意图如图 3-49 所示。

（1）定义掩码 DC。

为 CLLKDlg 类添加 CDC 类型的成员变量 m_dcMask，访问权限为 protected。

（2）将掩码图片加载到掩码内存 DC。

在 InitElement()函数中添加代码将掩码图片加载到掩码内存 DC(m_dcMask)中。

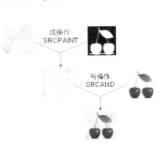

图 3-49

```
void CLLKDlg::InitElement()
{
```

```
// 加载图片资源……
// 将位图资源选入 DC
m_dcElement.SelectObject(hElement);
// 加载掩码图片资源
HANDLE hMask=::LoadImage(NULL, strMaskPath, IMAGE_BITMAP, 0, 0,
                         LR_LOADFROMFILE);
// 创建与视频 DC 兼容的内存 DC
m_dcMask.CreateCompatibleDC(&dc);
// 将位图资源选入 DC
m_dcMask.SelectObject(hMask);
}
```

（3）背景图片与掩码图片进行或操作。

修改 UpdateMap()函数中 BitBlt()的参数，应用"SRCPAINT"，使背景图片与掩码图片进行或操作。

```
void CLLKDlg::UpdateMap()
{
    // 绘制游戏地图
    for(int i=0; i<MAX_ROW; i++)
    {
        for(int j=0; j<MAX_COL; j++)
        {
            // 目标图片的起始点坐标
            int nElementX=j*PIC_WIDTH+MAP_LETF;
            int nElementY=i*PIC_HEIGHT+MAP_TOP;
            // 源图片的起始点坐标
            int nSourceX=0;
            int nSourceY=m_GameLogic.GetElement(i, j)*PIC_HEIGHT;
            // 将背景与掩码相或,图像区域为白色,图像背景为界面的背景
            m_dcMem.BitBlt(nElementX, nElementY, PIC_WIDTH,
            PIC_HEIGHT, &m_dcMask, nSourceX, nSourceY, SRCPAINT);
        }
    }
}
```

编译和调试运行，效果如图 3-50 所示。

（4）背景图片与元素图片进行与操作。

在 UpdateMap()函数中再次调用 BitBlt()函数，应用"SRCAND"，使背景图片与元素图片进行与操作，实现绘制透明位图。

```
void CLLKDlg::UpdateMap()
{
    // 绘制游戏地图
    for(int i=0; i<MAX_ROW; i++)
    {
```

```
for(int j=0; j <MAX_COL; j++)
{
        // 目标图片的起始点坐标
        int nElementX=j* PIC_WIDTH+MAP_LETF;
        int nElementY=i* PIC_HEIGHT+MAP_TOP;
        // 源图片的起始点坐标
        int nSourceX=0;
        int nSourceY=m_GameLogic.GetElement(i, j)*PIC_HEIGHT;
        // 将背景与掩码相或,图像区域为白色,图像背景为界面背景
        m_dcMem.BitBlt(nElementX, nElementY, PIC_WIDTH,
        PIC_HEIGHT, &m_dcMask, nSourceX, nSourceY, SRCPAINT);
        // 背景图片与元素图片相与,图像区域为元素图片,背景为界面背景
        m_dcMem.BitBlt(nElementX, nElementY, PIC_WIDTH,
        PIC_HEIGHT, &m_dcElement, nSourceX, nSourceY, SRCAND);
    }
  }
}
```

编译和调试运行,效果如图 3-51 所示。

图 3-50

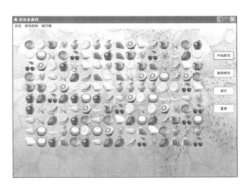

图 3-51

（5）删除掩码 DC。

在 CLLKDlg 析构函数～CLLKDlg( )中添加删除 m_dcMask 对象的代码。

8　一条直线消子

8.1　工作任务

在"绘制游戏地图"的基础上进行迭代开发。

本次迭代任务为:

实现游戏消子功能,玩家选中两张元素图片,判断是否符合一条直线消子规则,如果符合,则消掉这两张图片,否则保持不变。一条直线连通规则如下:

情况一:两图片紧密相邻,中间既没有空白也没有其他种类的图片。

情况二：两图片并非紧密相邻，中间没有其他图片，但是有一个或者多个空白。

（1）实现一条直线消子，并重绘游戏地图区域。

（2）绘制提示框和提示线。

为了方便识别点击的图片以及连通路径，可以在被点击的图片上绘制提示框，在连通路径上绘制提示线。

一条直线消子如图 3-52 所示。

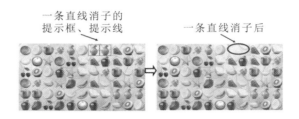

一条直线消子的
提示框、提示线

一条直线消子后

图 3-52

8.2 编程实现

1）一条直线连通

（1）判断 2 张元素图片同色。

当玩家在游戏地图上点击两张图片之后，游戏业务逻辑类 CGameLogic 从 CLLKDlg 获得两张元素图片的信息。首先判断两次选择的元素图片是否是同一张图片，如果不是，再判断两张图片是否为同一种花色元素图片。

① 在 CLLKDlg 类添加 bFirstPoint 变量。

为 CLLKDlg 类添加 BOOL 类型的成员变量 m_bFirstPoint，访问权限为 protected。m_bFirstPoint 是一个标志位，用于标识是否是第一次点击，TRUE 表示是第一次点击的，FALSE 表示是第二次点击的。在 CLLKDlg 构造函数中初始化为 TRUE。

② 在 CGameLogic 类添加 m_svFirstVex 和 m_svSecondVex 变量。

为 CGameLogic 类添加 VERTEX 类型的变量 m_svFirstVex 和 m_svSecondVex，访问权限为 protected，分别用来表示选择的第一张图片和第二张图片。

③ 在 CGameLogic 类添加 GetVex()方法。

为 CGameLogic 类添加成员方法 GetVex()，访问权限为 protected，用来获得点击的图片的信息。

```
VERTEX CGameLogic::GetVex(int nRow, int nCol)
{
    VERTEX svVex;
    svVex.nRow=nRow;
    svVex.nCol=nCol;
    svVex.nPicNum=m_aMap[nRow][nCol];
    return svVex;
}
```

④ 在 CGameLogic 类添加 SetFirstVex( )和 SetSecondVex( )方法。

为 CGameLogic 类添加成员方法 SetFirstVex( ) 和 SetSecondVex( )，访问权限为 public。在该函数中通过调用 GetVex( )函数来获得点击的第一张图片和第二张图片的信息。

```
void CGameLogic::SetFirstVex(int nRow, int nCol)
{
    m_svFirstVex=GetVex(nRow, nCol);
}
void CGameLogic::SetSecondVex(int nRow, int nCol)
{
    m_svSecondVex=GetVex(nRow, nCol);
}
```

⑤ 在 CGameLogic 类添加 Link( )方法。

为 CGameLogic 类添加成员方法 Link( )，访问权限为 public，用来处理图片连通的业务逻辑操作。在 Link( )函数中添加代码，来判断两张图片是否同色。当 m_bFirstPoint 为 FALSE 时，在鼠标点击事件中调用 Link( )，鼠标点击事件 OnLButtonUp( )方法在后面实现。当 Link( )返回 TRUE，即满足消子规则时，提示"一条直线连通成功"，否则提示"一条直线不连通或点击同一张图片"。

```
BOOL CGameLogic::Link()
{
    // 判断两次点击的是否是同一张图片
    if(m_svSecondVex.nRow ==m_svFirstVex.nRow &&
                          m_svSecondVex.nCol ==m_svFirstVex.nCol)
    {
        return FALSE;
    }
    // 判断两次点击的是否是同一种花色的图片
    if(m_svFirstVex.nPicNum! =m_svSecondVex.nPicNum)
    {
        return FALSE;
    }
    return TRUE;
}
```

（2）判断一条直线连通。

当两张图片在同一行时，判断是否在水平方向上连通；当两张图片在同一列时，判断是否在垂直方向上连通。

① 在 CGameLogic 类添加 LinkRow( )方法。

为 CGameLogic 类添加成员方法 LinkRow( )，访问权限为 protected，用来判断两张图片在水平方向上是否连通。

```
BOOL CGameLogic::LinkRow(VERTEX svVex1, VERTEX svVex2)
```

```
    {
//调整 svVex1 和 svVex2 的顺序，使 svVex1 在 svVex2 的前面
        if(svVex1.nCol > svVex2.nCol)
        {
            int nTempCol=svVex1.nCol;
            svVex1.nCol=svVex2.nCol;
            svVex2.nCol=nTempCol;
        }
// 获得行号
        int nRow=svVex1.nRow;
        for(int nCol=svVex1.nCol; nCol <svVex2.nCol; nCol++)
        {
            // 如果下一个顶点为终点，则连通
            if(nCol+ 1 ==svVex2.nCol)
            {
                return TRUE;
            }
            // 图片的编号为 BLANK，说明该顶点可以连通
            if(m_aMap[nRow][nCol+1]!=BLANK)
            {
                return FALSE;
            }
        }
    }
```

② 在 CGameLogic 类添加 LinkCol()方法。

为 CGameLogic 类添加成员方法 LinkCol()，访问权限为 protected，用来判断两张图片在垂直方向上是否连通。

```
    BOOL CGameLogic::LinkCol(VERTEX svVex1, VERTEX svVex2)
    {
//调整 svVex1 和 svVex2 的顺序，使 svVex1 在 svVex2 的前面
        if(svVex1.nRow >svVex2.nRow)
        {
            int nTempRow=svVex1.nRow;
            svVex1.nRow=svVex2.nRow;
            svVex2.nRow=nTempRow;
        }
// 获得列号
        int nCol=svVex1.nCol;
        for(int nRow=svVex1.nRow; nRow <svVex2.nRow; nRow++)
        {
            // 如果下一个顶点为终点，则连通
```

```
        if(nRow+ 1 = =svVex2.nRow)
        {
            return TRUE;
        }
        // 图片的编号为 BLANK,说明该顶点可以连通
        if(m_aMap[nRow+ 1][nCol]!=BLANK)
        {
            return FALSE;
        }
    }
}
```

③ 在 CGameLogic 类添加 NoCornerLink()方法。

为 CGameLogic 类添加成员方法 NoCornerLink(),访问权限为 protected,用来判断两张图片是否满足一条直线连通,在该函数中会调用 LinkRow()和 LinkCol()方法。

```
BOOL CGameLogic::NoCornerLink(VERTEX svVex1, VERTEX svVex2)
{
    if(svVex1.nRow = =svVex2.nRow)
    {
        // 水平方向上连通
        if(LinkRow(svVex1, svVex2))
        {
            return TRUE;
        }
    }
    if(svVex1.nCol = =svVex2.nCol)
    {
        // 垂直方向上连通
        if(LinkCol(svVex1, svVex2))
        {
            return TRUE;
        }
    }
    return FALSE;
}
```

④ 在 CGameLogic 类添加 IsLink()方法。

为 CGameLogic 类添加成员方法 IsLink(),访问权限为 protected,用来判断两张图片是否连通。目前该方法主要处理一条直线连通问题,后面迭代将在该方法中根据三种消子规则进行判断。该方法被 Link()方法调用。

```
BOOL CGameLogic::IsLink(VERTEX svVex1, VERTEX svVex2)
{
    // 一条直线连通方式
```

```
        if(NoCornerLink(svVex1, svVex2))
        {
            return TRUE;
        }
        return FALSE;
    }
```

⑤ 修改 CGameLogic 类 Link()方法。

修改 Link()，调用 IsLink()方法，进行一条直线连通判断。

```
BOOL CGameLogic::Link(VERTEX avPath[4], int &nVexnum)
{
    // 判断两次点击的是否是同一张图片
    if(m_svSecondVex.nRow ==m_svFirstVex.nRow
                            && m_svSecondVex.nCol ==m_svFirstVex.nCol)
    {
        return FALSE;
    }
    // 判断两次点击的是否是同一种花色的图片
    if(m_svFirstVex.nPicNum!=m_svSecondVex.nPicNum)
    {
        return FALSE;
    }
    // 判断是否连通
    if(IsLink(m_svFirstVex, m_svSecondVex))
    {
        return TRUE;
    }
    return FALSE;
}
```

（3）实现一条直线连通。

① 添加鼠标点击事件。

玩家使用鼠标点击窗口时，若点击的位置在当前应用程序窗口所在区域，操作系统会发消息通知当前的应用程序，并且会把鼠标点击的坐标点和事件类型传入。

鼠标事件有按下 WM_LBUTTONDOWN 和释放 WM_LBUTTONUP 消息，在"连连看"游戏中，使用 WM_LBUTTONUP 消息。添加鼠标 WM_LBUTTONUP 消息事件，实现一条直线连通。

利用类向导为 CLLKDlg 类添加 WM_LBUTTONUP 消息响应函数 OnLButtonUp()。在类视图中，右键单击"CLLKDlg"类，在弹出菜单中选择"Class Wizard"类向导。在类向导界面中，选择 Messages 标签页，在 Messages 下面选择"WM_LBUTTONUP"消息，然后单击右边"Add Handler"按钮，为点击鼠标左键添加消息响应函数 OnLButtonUp()，最后单击"OK"按钮，如图 3-53 所示。

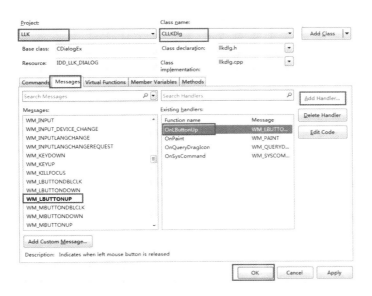

图 3-53

② 编程实现一条直线连通判断。

在 OnLButtonUp() 函数中添加代码来换算点击点的坐标和判断是否选中了图片，并调用 Link() 方法，实现一条直线连通判断。

```cpp
void CLLKDlg::OnLButtonUp(UINT nFlags, CPoint point)
{
    // 判断点击的坐标是否超出游戏地图范围
    if(point.x < m_rtGame.left || point.x >=m_rtGame.right
                    || point.y < m_rtGame.top || point.y >=m_rtGame.bottom )
    {
        return CDialogEx::OnLButtonUp(nFlags, point);
    }
    // 换算成图片元素的坐标
    int nRow=(point.y - MAP_TOP)/PIC_HEIGHT;
    int nCol=(point.x - MAP_LEFT)/PIC_WIDTH;
    // 判断是否点在空白区域
    if(m_GameLogic.GetElement(nRow, nCol) ==BLANK)
    {
        return CDialogEx::OnLButtonUp(nFlags, point);
    }
    // 判断是否是第一个点
    if(m_bFirstPoint)
    {
        // 设置第一个点
        m_GameLogic.SetFirstVex(nRow, nCol);
    }
```

```
        else
        {
            // 设置第二个点
            m_GameLogic.SetSecondVex(nRow, nCol);
            // 连通判断
            if(m_GameLogic.Link())
            {
                // 提示一条直线连通
                AfxMessageBox(_T(一条直线连通成功));
            }
            else
            {
                // 提示一条直线不连通
                AfxMessageBox(_T(点击同一种图片或不是一条直线连通));
            }
        }
        m_bFirstPoint=!m_bFirstPoint;
        CDialogEx::OnLButtonUp(nFlags, point);
    }
```

2）消除元素图片（一条直线消子）

当玩家选择的两张图片满足消子规则时，消除这两张图片，具体步骤为：

步骤一：将游戏地图数组 m_aMap 中两张元素图片对应的值置为 BLANK。

步骤二：重新绘制游戏区域的背景，覆盖掉原来的地图，并重新绘制游戏地图。

（1）设置元素图片位置为 BLANK。

① 在 CGameLogic 类添加 Clear()方法。

为 CGameLogic 类添加成员方法 Clear()，访问权限为 protected，用来删除点击的同色图片，将图片的编号改为 BLANK，即元素图片编号为－1。

```
void CGameLogic::Clear(VERTEX svVex1, VERTEX svVex2)
{
    m_aMap[svVex1.nRow][svVex1.nCol]=BLANK;
    m_aMap[svVex2.nRow][svVex2.nCol]=BLANK;
}
```

② 修改 CGameLogic 类 Link()方法。

在 Link()函数中，当两张图片满足消子规则时，调用 Clear()函数。

```
BOOL CGameLogic::Link()
{
    // 判断两次点击的是否是同一张图片
    if(m_svSecondVex.nRow ==m_svFirstVex.nRow &&
                        m_svSecondVex.nCol ==m_svFirstVex.nCol)
    {
```

```
        return FALSE;
    }
    // 判断两次点击的是否是同一种花色的图片
    if(m_svFirstVex.nPicNum!=m_svSecondVex.nPicNum)
    {
        return FALSE;
    }
    // 判断是否连通
    if(IsLink(m_svFirstVex, m_svSecondVex))
    {
        // 消除图片
        Clear(m_svFirstVex, m_svSecondVex);
        return TRUE;
    }
    return FALSE;
}
```

（2）重新绘制游戏区域的背景和游戏地图。

① 修改 CLLKDlg 类 OnLButtonUp()方法。

在 OnLButtonUp()函数中添加代码，当点击的两张图片满足消子规则时，更新游戏地图并刷新游戏区域。

```
void CLLKDlg::OnLButtonUp(UINT nFlags, CPoint point)
{
    // 判断点击的坐标是否超出游戏地图范围……
    // 换算成图片元素的坐标……
    // 判断是否点在空白区域……
    // 判断是否是第一个点
    if(m_bFirstPoint)
    {
        // 设置第一个点
        m_GameLogic.SetFirstVex(nRow, nCol);
    }
    else
    {
        // 设置第二个点
        m_GameLogic.SetSecondVex(nRow, nCol);
        // 连通判断
        if(m_GameLogic.Link())
        {
            // 提示一条直线连通
            AfxMessageBox(_T(一条直线连通成功));
            UpdateMap();                 // 更新地图
```

```
                }
                else
                {
                    // 提示一条直线不连通
                    AfxMessageBox(_T(点击同一种图片或不是一条直线连通));
                }
                InvalidateRect(m_rtGame);              // 刷新游戏区域
            }
            m_bFirstPoint=!m_bFirstPoint;
            CDialogEx::OnLButtonUp(nFlags, point);
        }
```

② 编译和调试运行。

编译和调试运行之后，发现当点击两张满足消子规则的图片之后，图片却没有擦除，这是为什么呢？

原因在于重新绘制地图时，虽然点击的图片所在的矩形区域图片编号为 BLANK，不重新绘制，但是原来的元素图片还存在，只有先重新绘制背景将原来的图片覆盖掉，再绘制游戏地图，这样才能真正地擦除掉图片。

（3）重绘游戏地图区域背景。

在 CLLKDlg::UpdateMap() 函数中添加代码，重新绘制游戏地图区域的背景图片。

```
void CLLKDlg::UpdateMap()
{
    // 绘制游戏地图矩形区域的背景，覆盖整个游戏地图
    m_dcMem.BitBlt(m_rtGame.left, m_rtGame.top, m_rtGame.Width(), m_rtGame.Height
(), &m_dcBG, m_rtGame.left, m_rtGame.top, SRCCOPY);
    // 绘制游戏地图
    for(int i=0; i<MAX_ROW; i++)
    {
        for(int j=0; j<MAX_COL; j++)
        {
            // 目标图片的起始点坐标
            int nElementX=*PIC_WIDTH+MAP_LEFT;
            int nElementY=i*PIC_HEIGHT+MAP_TOP;
            // 源图片的起始点坐标
            int nSourceX=0;
            int nSourceY=m_GameLogic.GetElement(i, j)*PIC_HEIGHT;
            // 将背景与掩码相或，图像区域为白色，图像背景为界面背景
            m_dcMem.BitBlt(nElementX, nElementY, PIC_WIDTH, PIC_HEIGHT,
                        &m_dcMask, nSourceX, nSourceY, SRCPAINT);
            // 背景图片与元素图片相与，图像区域为元素图片，背景为界面背景
            m_dcMem.BitBlt(nElementX, nElementY, PIC_WIDTH, PIC_HEIGHT,
                        &m_dcElement, nSourceX, nSourceY, SRCAND);
```

```
            }
        }
    }
```

编译和调试运行，消除元素图片，实现一条直线消子，如图 3-54 所示。

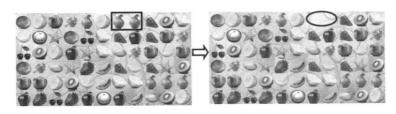

图 3-54

3）绘制提示框和提示线

为了方便识别点击的图片以及连通路径，可以在被点击的图片上绘制提示框，在连通路径上绘制提示线，并通过 Sleep() 函数使提示框和提示线停留 0.5 秒后再清除。为了方便清除，将提示框和提示线直接绘制到视频内存 DC 中，而不要绘制到 m_dcMem 中。

（1）绘制提示框。

当玩家选中元素图片时，在元素图片四周绘制矩形提示框。提示框大小和选中的元素图片大小一致，矩形提示框的颜色为 RGB(255，0，0)。

使用 GDI 中的画刷来绘制矩形框，画刷是 MFC 中 CBrush 类的对象，用来给一个区域填充颜色。为 CDC 设置画刷对象，可以修改填充的颜色、样式。

① 在 CLLKDlg 类添加 DrawTipFrame() 方法。

为 CLLKDlg 类添加函数 DrawTipFrame()，访问权限为 protected，用来绘制提示框。

```cpp
void CLLKDlg::DrawTipFrame(int nRow, int nCol)
{
    // 创建与视频 DC
    CClientDC dc(this);
    // 创建画刷
    CBrush brush(RGB(233, 43, 43));
    //创建 CRect 对象
    CRect rtTipFrame;
    // 设置矩形坐标
    rtTipFrame.left=MAP_LEFT+nCol* PIC_WIDTH;
    rtTipFrame.top=MAP_TOP+nRow* PIC_HEIGHT;
    rtTipFrame.right=rtTipFrame.left+MAP_LEFT;
    rtTipFrame.bottom=rtTipFrame.top+MAP_TOP;
    // 绘制矩形框
    dc.FrameRect(rtTipFrame, &brush);
}
```

② 修改 CLLKDlg 类 OnLButtonUp() 方法。

修改 OnLButtonUp() 方法，在 OnLButtonUp() 方法中调用 DrawTipFrame() 函数，实

现绘制提示框。

```
void CLLKDlg::OnLButtonUp(UINT nFlags, CPoint point)
{
    // 判断点击的坐标是否超出游戏地图范围……
    // 换算成图片元素的坐标……
int nRow=(point.y -MAP_TOP)/PIC_HEIGHT;
int nCol=(point.x -MAP_LEFT)/PIC_WIDTH;
    // 判断是否点在空白区域……
    // 绘制提示框
    DrawTipFrame(nRow, nCol);
    // 判断是否是第一个点
    if(m_bFirstPoint)
    {
        // 设置第一个点
    }
    else
    {
        // 设置第二个点
        // 连通判断
    }
    m_bFirstPoint=!m_bFirstPoint;
    CDialogEx::OnLButtonUp(nFlags, point);
}
```

编译和调试运行，如图 3-55 所示。

图 3-55

（2）绘制提示线。

在连通路径上绘制提示线，起始点为第一次选中的图片的中心位置，终点为第二次选中的图片的中心位置。提示线颜色为 RGB(0，255，0)。

使用 GDI 中的画笔绘制提示线，画笔是 MFC 中 CPen 类的对象，用来画线或矩形的边框。为 CDC 设置画笔对象，可以修改线的宽度、样式与颜色。系统自动提供了一支黑色的默认画笔。

在绘制提示线的时候，必须要知道起始点和终点的坐标，对于两条直线或者三条直线连通,还必须要知道拐点的坐标。因为"连连看"游戏中最多只能满足三条直线连通,也就是最多有四个关键点,因此可以定义一个长度为 4 的 VERTEX 类型的数组来保存这些关键点。

① 在 CGameLogic 类添加 m_avPath[ ]变量。

为 CGameLogic 类添加 VERTEX 类型的成员变量 m_avPath[4],访问权限为 protected,用来存储连通路径中经过的关键点,包括起始点、拐点和终点。

② 在 CGameLogic 类添加 m_nVexNum 变量。

为 CGameLogic 类添加 int 类型的成员变量 m_nVexNum,访问权限为 protected,用来记录连通路径中关键点的个数。在 CGameLogic 构造函数中初始化 m_nVexNum 为 0。

在 Link()方法中,在每次调用 IsLink()函数之后,紧跟着用代码将 m_nVexNum 清零。

③ 在 CGameLogic 类添加 AddVertex()方法。

为 CGameLogic 类添加成员方法 AddVertex(),访问权限为 protected,用来添加一个连通路径上的关键点。在 IsLink()方法中会调用这个函数。

```
void CGameLogic::AddVertex(VERTEX svVex)
{
    m_avPath[m_nVexNum]=svVex;
    m_nVexNum++;
}
```

④ 在 CGameLogic 类添加 DeleteVertex()方法。

为 CGameLogic 类添加成员方法 DeleteVertex(),访问权限为 protected,用来删除一个连通路径上的关键点。在 IsLink()方法中会调用这个函数。

```
void CGameLogic::DeleteVertex()
{
    m_nVexNum--;
}
```

⑤ 修改 CGameLogic 类 IsLink()方法。

在 IsLink()方法中,调用 AddVertex(svVex1),添加连通路径上第一个关键点,在判断一条直线连通方式代码里面,调用 AddVertex(svVex2)添加最后一个关键点,在 IsLink()返回前,调用 DeleteVertex()删除第一个关键点。

```
BOOL CGameLogic::IsLink(VERTEX svVex1, VERTEX svVex2)
{
    // 添加第一个关键点
    AddVertex(svVex1);
    // 一条直线连通方式
    if(NoCornerLink(svVex1, svVex2))
    {
        // 添加最后一个关键点
        AddVertex(svVex2);
        return TRUE;
    }
    // 删除第一个关键点
```

```
        DeleteVertex();
        return FALSE;
    }
```

⑥ 在 CGameLogic 类添加 GetVexPath()方法。

为 CGameLogic 类添加成员方法 GetVexPath()，访问权限为 protected，用来获得连通路径和关键点个数。该函数在 Link()方法里面被调用。

```
    int CGameLogic::GetVexPath(VERTEX avPath[4])
    {
        for(int i=0; i<m_nVexNum; i++)
        {
            avPath[i]=m_avPath[i];
        }
        return m_nVexNum;
    }
```

⑦ 修改 CGameLogic 类 Link()方法。

修改 CGameLogic::Link()方法，在判断两张图片连通之后，获取连通路径和关键点个数。

第一步：在 CGameLogic 类定义中，修订 Link()方法的形式参数。

```
    BOOL Link(VERTEX avPath[4], int &nVexnum);
```

第二步：在 Link()实现中，添加相关方法调用。在 Link()方法中调用 GetVexPath()，并将 m_nVexNum 清零。

```
    BOOL CGameLogic::Link(VERTEX avPath[4], int &nVexnum)
    {
        // 判断两次点击的是否是同一张图片
        if(m_svSecondVex.nRow ==m_svFirstVex.nRow &&
                            m_svSecondVex.nCol ==m_svFirstVex.nCol)
        {
            return FALSE;
        }
        // 判断两次点击的是否是同一种花色的图片
        if(m_svFirstVex.nPicNum !=m_svSecondVex.nPicNum)
        {
            return FALSE;
        }
        // 判断是否连通
        if(IsLink(m_svFirstVex, m_svSecondVex))
        {
            // 消除图片
            Clear(m_svFirstVex, m_svSecondVex);
            // 返回路径顶点
```

```
        nVexnum=GetVexPath(avPath);
        //调用 IsLink()后,将 m_nVexNum 清零
        m_nVexNum=0;
        return TRUE;
    }
    return FALSE;
}
```

⑧ 在 CLLKDlg 类添加 DrawTipLine()方法。

在 CLLKDlg 类中添加成员函数 DrawTipLine(),访问权限为 protected,用来绘制提示线。在函数中调用 CDC::MoveTo()函数和 CDC::LineTo()函数绘制直线。

```
void CLLKDlg::DrawTipLine(VERTEX asvPath[4], int nVexNum)
{
    CClientDC dc(this);
    // 创建画笔
    CPen penLine(PS_SOLID, 2, RGB(0, 255, 0));
    // 选入画笔
    CPen* pOldPen=dc.SelectObject(&penLine);
    // 计算起点坐标
    int nStartX=MAP_LEFT+asvPath[0].nCol* PIC_WIDTH+ PIC_WIDTH/2;
    int nStartY=MAP_TOP+asvPath[0].nRow* PIC_HEIGHT+ PIC_HEIGHT/2;
    // 绘制提示线
    dc.MoveTo(nStartX, nStartY);
    for(int i=1; i <nVexNum; i++)
    {
        // 计算终点坐标
        int nEndX=MAP_LEFT+asvPath[i].nCol* PIC_WIDTH+ PIC_WIDTH/2;
        int nEndY=MAP_TOP+asvPath[i].nRow* PIC_HEIGHT+ PIC_HEIGHT/2;
        dc.LineTo(nEndX, nEndY);
    }
    // 恢复旧的画笔
    dc.SelectObject(pOldPen);
    // 删除新的画笔
    DeleteObject(&penLine);
}
```

⑨ 修改 CLLKDlg 类 OnLButtonUp()方法。

修改 OnLButtonUp()方法,在 OnLButtonUp()方法中调用 DrawTipLine()函数,实现绘制提示线。在成功调用 Link()后,添加调用 DrawTipLine()函数代码,绘制两张元素图片间的提示线。在连通路径上绘制提示线,并通过 Sleep()函数使提示框和提示线停留 0.5 秒后再清除。

```
void CLLKDlg::OnLButtonUp(UINT nFlags, CPoint point)
{
```

```
        // 判断点击的坐标是否超出游戏地图范围……
        // 换算成图片元素的坐标
int nRow=(point.y - MAP_TOP)/PIC_HEIGHT;
int nCol=(point.x - MAP_LEFT)/PIC_WIDTH;
        // 判断是否点在空白区域……
        // 绘制提示框
        DrawTipFrame(nRow, nCol);
        // 判断是否是第一个点
        if(m_bFirstPoint)
        {
            // 设置第一个点
        }
        else
        {
            // 设置第二个点
            m_GameLogic.SetSecondVex(nRow, nCol);
            // 获得路径
            VERTEX avPath[4];
            int nVexnum=0;
            // 连通判断
            if(m_GameLogic.Link(avPath, nVexnum))
            {
                // 绘制提示线
                DrawTipLine(avPath, nVexnum);
                // 更新地图
                UpdateMap();
            }
            else
            {
                // ……
            }
            // 暂停 0.5 秒钟
            Sleep(500);
            // 刷新游戏地图，擦除提示框
            InvalidateRect(m_rtGame);
        }
        m_bFirstPoint=!m_bFirstPoint;
        CDialogEx::OnLButtonUp(nFlags, point);
    }
```

编译和调试运行，如图 3-56 所示。

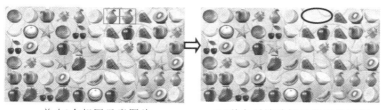

单击2个相同元素图片　　　　　0.5秒之后清除提示线和提示框

图 3-56

9　两条直线消子

9.1　工作任务

在"一条直线消子"的基础上进行迭代开发。

本次迭代任务为：

实现游戏消子功能，用户选中两张元素图片，在实现一条直线消子基础上，判断是否符合两条直线消子规则，如果符合，则消掉这两张图片，否则保持不变。两条直线连通规则如下：

两图片既不在同一水平线上，也不在同一垂直线上，两张图片的连通路径由两条直线组成，即有一个拐点，两条直线经过的路径必须是空白，中间只要有一张其他图片，该路径无效，两图片无法连通。

（1）实现两条直线消子。

（2）绘制提示框和提示线。

为了方便识别点击的图片以及连通路径，可以在被点击的图片上绘制提示框，在连通路径上绘制提示线。

两条直线消子如图 3-57 所示。

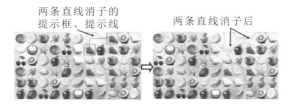

两条直线消子的
提示框、提示线　　　　两条直线消子后

图 3-57

9.2　编程实现

1）两条直线连通

当玩家选择的两张元素图片不满足一条直线连通时，判断其是否满足两条直线连通。

实现两条直线连通有以下三步：

第一步：获得拐点。

第二步：判断两条直线连通。

第三步：保存连通路径。

（1）获得拐点。

假设选择的第一张元素图片为 svVex1，第二张元素图片为 svVex2，则拐点元素图片 svVex 的取法有两种：

方法一：svVex.nRow＝svVex1.nRow，　svVex.nCol＝svVex2.nCol）;

方法二：svVex.nRow＝svVex2.nRow，　svVex.nCol＝svVex1.nCol）;

为 CGameLogic 类添加成员方法 OneCornerLink()，访问权限为 protected，用来判断两条直线连通。添加代码，获得两张拐点图片。

```
BOOL CGameLogic::OneCornerLink(VERTEX svVex1, VERTEX svVex2)
{
    // 得到 svVex2 沿 Y 轴方向的直线与 svVex1 沿 X 轴方向的直线的交点 svVex
    VERTEX svVex=GetVex(svVex1.nRow, svVex2.nCol);
    // 得到 svVex1 沿 Y 轴方向的直线与 svVex2 沿 X 轴方向的直线的交点 svVex
    svVex=GetVex(svVex2.nRow, svVex1.nCol);
    return FALSE;
}
```

（2）判断两条直线连通。

先判断其中一个拐点是否与起始点和终点都连通，如果连通，则说明选择的两张元素图片满足两条直线连通规则，如果不连通，再取另一个拐点进行判断。

在 OneCornerLink() 函数里添加代码，判断两条直线连通，在该函数中会调用 LinkRow () 和 LinkCol() 两个函数。

```
BOOL CGameLogic::OneCornerLink(VERTEX svVex1, VERTEX svVex2)
{
    // 得到 svVex2 沿 Y 轴方向的直线与 svVex1 沿 X 轴方向的直线的交点 svVex
    VERTEX svVex=GetVex(svVex1.nRow, svVex2.nCol);
    if(svVex.nPicNum ==BLANK)
    {
        // 判断 svVex1 和 svVex 是否连通，svVex2 和 svVex 是否连通
        if(LinkRow(svVex1, svVex) && LinkCol(svVex2, svVex))
        {
            // 如果 svVex1 和 svVex、svVex2 和 svVex 连通，则 svVex1 和 svVex2 连通
            return TRUE;
        }
    }
    // 得到 svVex1 沿 Y 轴方向的直线与 svVex2 沿 X 轴方向的直线的交点 svVex
    svVex=GetVex(svVex2.nRow, svVex1.nCol);
    if(svVex.nPicNum ==BLANK)
    {
        // 判断 svVex1 和 svVex 是否连通，svVex2 和 svVex 是否连通
        if(LinkCol(svVex1, svVex) && LinkRow(svVex2, svVex))
        {
```

```
            // 如果 svVex1 和 svVex、svVex2 和 svVex 连通，则 svVex1 和 svVex2 连通
            return TRUE;
        }
    }
    return FALSE;
}
```

（3）保存连通路径。

使用 VERTEX 类型的数组来保存连通路径，数组长度为 4。得到连通路径的步骤：

第一步：将第一个顶点保存到数组中。

第二步：获得拐点，判断是否满足两条直线连通。

第三步：如果连通，将拐点和第二个顶点都保存到数组中；否则，从数组中删除第一个顶点。

① 修改 CGameLogic 类 IsLink()方法。

在 IsLink()函数中添加代码，将玩家选择的两张图片保存到连通路径中。

```
BOOL CGameLogic::IsLink(VERTEX svVex1, VERTEX svVex2)
{
    // 添加第一个点
    AddVertex(svVex1);
    // 一条直线连通方式
    if(NoCornerLink(svVex1, svVex2))
    {
        // 添加最后一个点
        AddVertex(svVex2);
        return TRUE;
    }
    // 两条直线连通方式
    if(OneCornerLink(svVex1, svVex2))
    {
        AddVertex(svVex2);
        return TRUE;
    }
    // 删除第一个点
    DeleteVertex();
    return FALSE;
}
```

② 修改 CGameLogic 类 OneCornerLink()方法。

在 OneCornerLink()中添加代码，当满足两条直线连通时，将拐点图片保存到连通路径中。

```
BOOL CGameLogic::OneCornerLink(VERTEX svVex1, VERTEX svVex2)
{
    // 得到 svVex2 沿 Y 轴方向的直线与 svVex1 沿 X 轴方向的直线的交点 svVex
    VERTEX svVex=GetVex(svVex1.nRow, svVex2.nCol);
```

```
        if(svVex.nPicNum ==BLANK)
        {
            // 判断 svVex1 和 svVex 是否连通，svVex2 和 svVex 是否连通
            if(LinkRow(svVex1, svVex) && LinkCol(svVex2, svVex))
            {
                // 如果 svVex1 和 svVex、svVex2 和 svVex 连通，则 svVex1 和 svVex2 连通
                AddVertex(svVex);      //保存拐点
              return TRUE;
            }
        }
        // 得到 svVex1 沿 Y 轴方向的直线与 svVex2 沿 X 轴方向的直线的交点 svVex
        svVex=GetVex(svVex2.nRow, svVex1.nCol);
        if(svVex.nPicNum ==BLANK)
        {
            // 判断 svVex1 和 svVex 是否连通，svVex2 和 svVex 是否连通
            if(LinkCol(svVex1, svVex) && LinkRow(svVex2, svVex))
            {
                // 如果 svVex1 和 svVex、svVex2 和 svVex 连通，则 svVex1 和 svVex2 连通
                AddVertex(svVex);      //保存拐点
                return TRUE;
            }
        }
        return FALSE;
    }
```

③ 复用 Link()中的代码，不做修订。

当满足两条直线连通时，在 Link()函数里，通过 GetVexPath()获得连通路径。

2）消除元素图片（两条直线消子）

消除图片、重新绘制游戏区域的背景、更新游戏地图并刷新游戏区域，这几步在"一条直线消子"迭代中已经实现。

当满足两条直线连通时，在 CLLKDlg::OnLButtonUp()函数中调用 DrawTipFrame()和 DrawTipLine()，来显示提示框和绘制连通路径，这两步在"一条直线消子"迭代中已经实现。

上述几步直接复用"一条直线消子"代码，不用重新开发，编译和调试运行，实现两条直线消子，如图 3-58 所示。

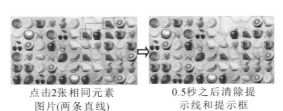

点击2张相同元素   0.5秒之后清除提
图片(两条直线)   示线和提示框

图 3-58

10　三条直线消子

10.1　工作任务

在"两条直线消子"的基础上进行迭代开发。

本次迭代任务为：

实现游戏消子功能，玩家选中两张元素图片，在实现一条和两条直线消子基础上，判断是否符合三条消子规则，如果符合，则消掉这两张图片，否则保持不变。三条直线连通规则如下：

连通路径由三条直线、两个拐点组成，在该直线的路径上没有图片出现，只能是空白区域。

（1）实现三条直线消子。

（2）绘制提示框和提示线。

为了方便识别点击的图片以及连通路径，可以在被点击的图片上绘制提示框，在连通路径上绘制提示线。

三条直线消子如图 3-59 所示。

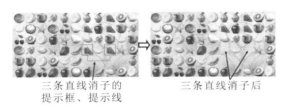

三条直线消子的　　　　　三条直线消子后
提示框、提示线

图 3-59

10.2　编程实现

1）三条直线连通

当玩家选择的两张图片不满足一条直线和两条直线连通时，判断其是否满足三条直线连通。实现三条直线连通有以下三步：

第一步：搜索关键路径。

第二步：判断三条直线连通。

第三步：保存连通路径。

（1）搜索关键路径。

搜索关键路径的方法有两种：

第一种：在水平方向上搜索长度等于起始点和终点之间水平距离的路径。

第二种：在垂直方向上搜索长度等于起始点和终点之间垂直距离的路径。

为 CGameLogic 类添加成员方法 TwoCornerLink()，访问权限为 protected，用来判断三条直线连通。

在 TwoCornerLink()方法中添加代码来搜索所有可能出现的关键路径。

```
BOOL CGameLogic::TwoCornerLink(VERTEX svVex1, VERTEX svVex2)
{
    // 搜索水平方向上的关键路径
    for(int nCol=0; nCol <MAX_COL; nCol++)
    {
        // 找到一条与 Y 轴平行的连通线段,长度等于 svVex1 和 svVex2 的垂直距离
        VERTEX svTempV1=GetVex(svVex1.nRow, nCol);
        VERTEX svTempV2=GetVex(svVex2.nRow, nCol);
        // 判断 svVex1 和 svVex2 是否为空
        if(svTempV1.nPicNum ==BLANK && svTempV2.nPicNum ==BLANK)
        {
            // 如果是关键路径
            if(LinkCol(svTempV1, svTempV2))
            {
                return TRUE;
            }
        }
    }
    // 搜索水平方向上的关键路径
    for(int nRow=0; nRow <MAX_ROW; nRow++)
    {
        // 找到一条与 X 轴平行的连通线段,长度等于 svVex1 和 svVex2 的水平距离
        VERTEX svTempV1=GetVex(nRow, svVex1.nCol);
        VERTEX svTempV2=GetVex(nRow, svVex2.nCol);
        // 判断 svVex1 和 svVex2 是否为空
        if(svTempV1.nPicNum ==BLANK && svTempV2.nPicNum ==BLANK)
        {
            // 如果是关键路径
            if(LinkRow(svTempV1, svTempV2))
            {
                return TRUE;
            }
        }
    }
    return FALSE;
}
```

（2）判断三条直线连通。

判断其中一个拐点是否与起始点连通,另一个拐点是否和终点连通,如果都连通,则说明获得的关键路径满足三条直线连通,如果不连通,再取另一条关键路径进行判断。

在 TwoCornerLink()函数里添加代码,判断三条直线连通。在该函数中会调用 LinkRow()和 LinkCol()两个函数。

```
BOOL CGameLogic::TwoCornerLink(VERTEX svVex1, VERTEX svVex2)
{
    // 搜索水平方向上的关键路径
    for(int nCol=0; nCol <MAX_COL; nCol++)
    {
        // 找到一条与 Y 轴平行的连通线段,长度等于 svVex1 和 svVex2 的垂直距离
        VERTEX svTempV1=GetVex(svVex1.nRow, nCol);
        VERTEX svTempV2=GetVex(svVex2.nRow, nCol);
        if(svTempV1.nPicNum ==BLANK && svTempV2.nPicNum ==BLANK)
        {
            // 如果是关键路径
            if(LinkCol(svTempV1, svTempV2))
            {
                if(LinkRow(svVex1, svTempV1) && LinkRow(svVex2, svTempV2))
                {
                //如果 svVex1,svVex2 分别和两个端点连通,则 svVex1 和 svVex2 连通
                    return TRUE;
                }
            }
        }
    }
    // 搜索水平方向上的关键路径
    for(int nRow=0; nRow <MAX_ROW; nRow++)
    {
        // 找到一条与 X 轴平行的连通线段,长度等于 svVex1 和 svVex2 的水平距离
        VERTEX svTempV1=GetVex(nRow, svVex1.nCol);
        VERTEX svTempV2=GetVex(nRow, svVex2.nCol);
        if(svTempV1.nPicNum ==BLANK && svTempV2.nPicNum ==BLANK)
        {
            // 如果是关键路径
            if(LinkRow(svTempV1, svTempV2))
            {
                if(LinkCol(svVex1, svTempV1) && LinkCol(svVex2, svTempV2))
                {
                //如果 svVex1,svVex2 分别和两个端点连通,则 svVex1 和 svVex2 连通
                    return TRUE;
                }
            }
        }
    }
    return FALSE;
}
```

（3）保存连通路径。

使用 VERTEX 类型的数组来保存连通路径。保存连通路径的步骤为：

步骤一：保存起始点 V0。

步骤二：判断是否存在能够满足三条直线消子的关键路径 V1，V2。

步骤三：如果存在，保存顶点 V1，V2，V3；如果不存在，删除起始点 V0。

① 修改 CGameLogic 类 IsLink()方法。

在 IsLink()函数中添加代码，将玩家选择的两张图片保存到连通路径中。

```
BOOL CGameLogic::IsLink(VERTEX svVex1, VERTEX svVex2)
{
    // 添加第一个点
    AddVertex(svVex1);
    // 一条直线连通方式
    if(NoCornerLink(svVex1, svVex2))
    {
        // 添加最后一个点
        AddVertex(svVex2);
        return TRUE;
    }
    // 两条直线连通方式
    if(OneCornerLink(svVex1, svVex2))
    {
        AddVertex(svVex2);
        return TRUE;
    }
    // 三条直线连通方式
    if(TwoCornerLink(svVex1, svVex2))
    {
        AddVertex(svVex2);
        return TRUE;
    }
    // 删除第一个点
    DeleteVertex();
    return FALSE;
}
```

② 修改 CGameLogic 类 TwoCornerLink()方法。

在 TwoCornerLink()中添加代码，当满足三条直线连通时，将拐点图片保存到连通路径中。

```
BOOL CGameLogic::TwoCornerLink(VERTEX svVex1, VERTEX svVex2)
{
    // 搜索水平方向上的关键路径
    for(int nCol=0; nCol <MAX_COL; nCol++)
    {
        // 找到一条与 Y 轴平行的连通线段，长度等于 svVex1 和 svVex2 的垂直距离
```

```
//……
            if(LinkRow(svVex1, svTempV1) && LinkRow(svVex2, svTempV2))
            {
//如果 svVex1,svVex2 分别和两个端点连通,则 svVex1 和 svVex2 连通
                // 保存结点
                AddVertex(svTempV1);
                AddVertex(svTempV2);
                return TRUE;
            }
    }
    // 搜索水平方向上的关键路径
    for(int nRow= 0; nRow <MAX_ROW; nRow++)
    {
        // 找到一条与 X 轴平行的连通线段,长度等于 svVex1 和 svVex2 的水平距离
        //……
            if(LinkCol(svVex1, svTempV1) && LinkCol(svVex2, svTempV2))
            {
//如果 svVex1,svVex2 分别和两个端点连通,则 svVex1 和 svVex2 连通
                // 保存结点
                AddVertex(svTempV1);
                AddVertex(svTempV2);
                return TRUE;
            }
    }
    return FALSE;
}
```

③ 复用 Link()中的代码,不做修订。

当满足三条直线连通时,在 Link()函数里,通过 GetVexPath()获得连通路径。

2）消除元素图片(三条直线消子)

消除图片、重新绘制游戏区域的背景、更新游戏地图并刷新游戏区域,这几步在"一条直线消子"迭代中已经实现。

当满足三条直线连通时,在 CLLKDlg::OnLButtonUp()函数中调用 DrawTipFrame()和 DrawTipLine(),来显示提示框和绘制连通路径,这两步在"一条直线消子"迭代中已经实现。

上述几步直接复用"一条直线消子"代码,不用重新开发,编译和调试运行,实现三条直线消子,如图 3-60 所示。

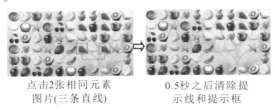

点击2张相同元素 0.5秒之后清除提
图片(三条直线) 示线和提示框

图 3-60

> **说明：**
> 在"三条直线消子"迭代开发中，包含全部"连连看"游戏的消子实现，即一条直线、两条直线和三条直线消子。

11 判 断 胜 负

11.1 工作任务

在"三条直线消子"的基础上进行迭代开发。

本次迭代任务为：

实现判断胜负功能。根据游戏地图上元素图片数量，判断游戏地图中所有的元素图片是否都被消除。如果游戏地图中所有元素图片都消除了，则提示用户获胜。

11.2 编程实现

1）判断胜负

判断胜负的规则为：计算游戏元素图片个数，当界面上所有的游戏元素图片都被消除时，则获胜。

（1）添加成员变量。

为 CGameLogic 类添加 int 型成员变量 m_nRemainNum，访问权限为 protected，用来记录未被消除的图片的个数。

在 InitMap()函数中将 m_nRemainNum 初始化为 MAX_COL * MAX_ROW。

```
void CGameLogic::InitMap()
{
    // 默认为游戏地图中的元素设置固定值……
    // 给游戏地图数组赋值……
    m_nRemainNum=MAX_COL*MAX_ROW;
}
```

（2）减少元素图片数量。

修改 CGameLogic 类 Clear()方法，在 Clear()函数中添加代码，每次消子的时候 m_nRemainNum 自减 2。

```
void CGameLogic::Clear(VERTEX svVex1, VERTEX svVex2)
{
    m_aMap[svVex1.nRow][svVex1.nCol]=BLANK;
    m_aMap[svVex2.nRow][svVex2.nCol]=BLANK;
    m_nRemainNum=m_nRemainNum-2;// 未消除的元素图片个数减 2
}
```

（3）判断胜负。

为 CGameLogic 类添加成员方法 IsWin()，访问权限为 public，用来判断未被消除的图片的个数是否为 0，如果为 0，则获胜。

```
BOOL CGameLogic::IsWin()
{
    // 如果未消除的图片个数为 0，则获胜
    if(m_nRemainNum == 0)
    {
        return TRUE;
    }
    return FALSE;
}
```

2）实现判断胜负

在 CLLKDlg 类 OnLButtonUp()函数中添加代码，如果玩家选择的两张图片满足消子规则，则调用 CGameLogic 类 IsWin()函数判断胜负。如果获胜，通过 AfxMessageBox()函数给出提示。

```
void CLLKDlg::OnLButtonUp(UINT nFlags, CPoint point)
{
    // 判断点击的坐标是否超出游戏地图范围……
    // 换算成图片元素的坐标……
    // 判断是否点在空白区域……
    // 绘制提示框……
    // 判断是否是第一个点
    if(m_bFirstPoint)
    {
        // 设置第一个点……
    }
    else
    {
        // 设置第二个点
        m_GameLogic.SetSecondVex(nRow, nCol);
        // 获得路径
        VERTEX avPath[4];
        int nVexnum = 0;
        // 连通判断
        if(m_GameLogic.Link(avPath, nVexnum))
        {
            // 绘制提示线
            DrawTipLine(avPath, nVexnum);
            // 更新地图
            UpdateMap();
            //判断胜负
            if(m_GameLogic.IsWin())
                AfxMessageBox(_T("恭喜您获胜!"));
```

```
        }
        else
        {
            // ……
        }
        // 暂停 0.5 秒钟
        Sleep(500);
        // 刷新游戏地图,擦除提示框
        InvalidateRect(m_rtGame);
    }
    m_bFirstPoint=!m_bFirstPoint;
    CDialogEx::OnLButtonUp(nFlags, point);
}
```

编译和调试运行,如图 3-61 所示。

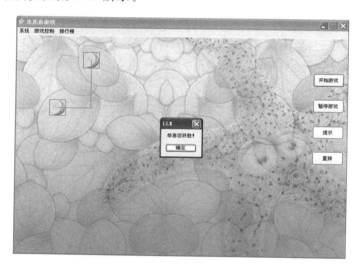

图 3-61

12　重　　排

12.1　工作任务

在“判断胜负”的基础上进行迭代开发。

本次迭代任务为:

实现重排功能。使用重排功能时,系统将会对游戏地图中剩下的元素图片进行重新排列,重新排列只是将所有的元素图片的位置随机互换,不会增减图片的种类与个数。重排之前没有元素图片的位置重排之后也不会有元素图片。

为界面“重排”按钮和菜单“重排”添加消息响应函数,实现重排功能。重排前后效果如图 3-62 所示。

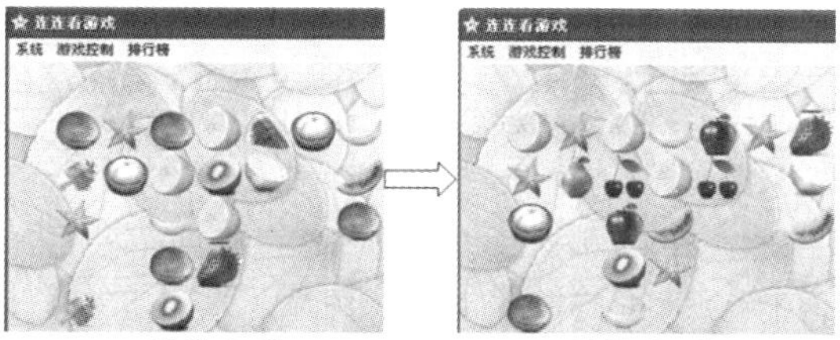

重排之前　　　　重排之后

图 3-62

12.2　编程实现

1）重排

使用 rand()函数实现重排功能，实现步骤如下：

步骤一：通过 rand()函数得到两个随机数，将两个随机数对 MAX_ROW * MAX_COL 求余，使随机数的值在 0～MAX_ROW * MAX_COL 之间。

步骤二：分别将两个随机数对 MAX_COL 求商，得到行号 row1、row2，对 MAX_COL 求余，得到列号 col1、col2。

步骤三：判断 m_aMap[row1][col1]和 m_aMap[row2][col2]是否为 BLANK。

步骤四：若 m_aMap[row1][col1]和 m_aMap[row2][col2]都为 BLANK，则交换两个元素的值，否则不交换。

步骤五：重复执行上述操作 MAX_COL * MAX_ROW 次。

（1）产生随机数。

因为 rand()函数是按指定的顺序来产生整数的，因此在调用 rand()函数之前，要先通过 srand()函数布下随机数种子，这样得到的随机数才是真正的随机数。

函数原型：void srand(unsigned int seed);

参数：seed 表示随机数的种子，如果 seed 是一个固定的值，那么每次产生的随机数都一样。为了产生真正的随机数，生成随机数时将种子设置为不同的值。通常使用 time(0)得到秒数，在某一刻是唯一的，不会重复。

（2）重排。

为 CGameLogic 类添加成员函数 Reset()，访问权限为 public，用来实现重排功能。

```
void CGameLogic::Reset()
{
    // 设置种子
    srand((int)time(0));
    // 随机任意交换两个数字
    for(int i=0; i<MAX_ROW*MAX_COL; i++)
    {
        // 得到两个随机数
        int nIndex1=rand()%(MAX_ROW*MAX_COL);
        int nIndex2=rand()%(MAX_ROW*MAX_COL);
```

```
                    // 拆分得到行号和列号
                    int row1=nIndex1 /MAX_COL;
                    int col1=nIndex1 %MAX_COL;
                    int row2=nIndex2 /MAX_COL;
                    int col2=nIndex2 %MAX_COL;
                    // 如果两个点都不是空白点,则交换图片
                    if((m_aMap[row1][col1]!=BLANK) && (m_aMap[row2][col2]!=BLANK))
                    {
                        int nTmp=m_aMap[row1][col1];
                        m_aMap[row1][col1]=m_aMap[row2][col2];
                        m_aMap[row2][col2]=nTmp;
                    }
                }
            }
```

2）实现重排

（1）为"重排"按钮添加消息响应函数。

使用类向导为"重排"按钮添加 BN_CLICKED 消息响应函数 OnClickedBtnReset(),在函数中调用 CGameLogic::Reset()函数实现重排,并重新绘制和刷新游戏地图。

```
        void CLLKDlg::OnClickedBtnReset()
        {
            // 重排
            m_GameLogic.Reset();
            // 更新地图
            UpdateMap();
            // 刷新
            InvalidateRect(m_rtGame, FALSE);
        }
```

编译和调试运行,在游戏消子过程中,单击"重排"按钮,效果如图 3-62 所示。

（2）为"重排"菜单添加消息响应函数。

在消息映射函数里添加代码,将重排菜单(ID_MENU_RESET)与 OnClickedBtnReset()函数通过 COMMAND 消息绑定起来,实现代码的复用。

```
        BEGIN_MESSAGE_MAP(CLLKDlg, CDialogEx)
                ON_BN_CLICKED(IDC_BTN_RESET, &CLLKDlg::OnClickedBtnReset)
                ON_COMMAND(ID_MENU_RESET, &CLLKDlg::OnClickedBtnReset)
        END_MESSAGE_MAP()
```

3）程序优化

可以利用重排,生成随机的游戏地图,实现随机开局功能。

（1）生成固定的游戏地图。

修改 CGameLogic::InitMap()中的代码,使用 for 循环,将 0～16 赋值给 m_aMap 数组中的元素,每个数值出现的次数为 10。

```
        void CGameLogic::InitMap()
        {
```

```
// 设置固定值……
// 赋值……
// 生成固定图片元素的游戏地图
for(int i=0; i<MAX_ROW; i++)
{
    for(int j=0; j<MAX_COL; j++)
    {
        m_aMap[i][j]=j;
    }
}
m_nRemainNum=MAX_COL*MAX_ROW;
}
```

编译和调试运行，如图 3-63 所示。

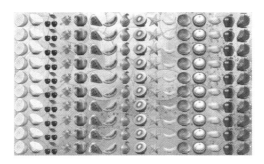

图 3-63

（2）生成随机的游戏地图。

在对地图进行初始化操作之后，调用 CGameLogic∷Reset()函数，将游戏地图元素进行重排，得到随机的游戏地图。修订 InitMap()中的代码，实现随机开局功能。

```
void CGameLogic::InitMap()
{
    // 设置固定值……
    // 赋值……
    // 生成固定的地图
    for(int i=0; i<MAX_ROW; i++)
    {
        for(int j=0; j<MAX_COL; j++)
        {
            m_aMap[i][j]=j;
        }
    }
    // 随机调换游戏地图元素图片的位置
    Reset();
    m_nRemainNum=MAX_COL*MAX_ROW;
}
```

编译和调试运行，如图 3-64 所示。

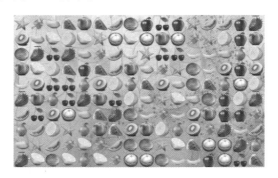

图 3-64

13 提 示

13.1 工作任务

在"重排"的基础上进行迭代开发。

本次迭代任务为：

实现提示功能。当玩家选择提示功能时，提示玩家符合消子规则的一对元素图片。如果游戏地图中没有能够消除的一组元素图片，则提示玩家没有能够消除的图片。

为界面"提示"按钮和菜单"提示"添加消息响应函数，实现提示功能。

13.2 编程实现

1）提示

为用户提供提示功能，搜索满足消子规则的图片，步骤如下：

步骤一：从游戏地图左上角第一行第一列开始，找到第一个未被消除的图片 V1。

步骤二：从该图片的右边开始，按照水平方向从左到右，竖直方向从上到下的顺序，查找到与它相同的一张图片 V2。判断 V1 和 V2 能否连通。

步骤三：如果能够连通，则保存连通路径，不再进行查找；如果不能连通，则重复步骤二。

步骤四：如果所有的 V2 和 V1 都不满足连通条件，则重复步骤一，找到一个新的 V1，然后继续后面的步骤。

为 CGameLogic 类添加成员方法 Prompt()，访问权限为 public，实现提示功能。

（1）搜索第一个顶点。

在 Prompt() 函数中添加代码，从游戏地图的第一行第一列开始，按照从左到右，从上到下的顺序，找到一个值不为 BLANK 的顶点 V1。

```
BOOL CGameLogic::Prompt(VERTEX avPath[4], int &nVexnum)
{
    for(int nRow=0; nRow < MAX_ROW; nRow++)
    {
```

```
        for(int nCol=0; nCol <MAX_COL; nCol++)
        {
            if(m_aMap[nRow][nCol]!=BLANK)
            {
            // 找到一个图片编号不为 BLANK 的点
                VERTEX svVex1=GetVex(nRow, nCol);
                return TRUE;
            }
        }
    }
    return FALSE;
}
```

（2）搜索第二个顶点。

找到 V1 之后，从 V1 的后面一个顶点开始，按照从左到右，从上到下的顺序找到一个与 V1 值相等的顶点 V2。修订 Prompt()，增加搜索第二个顶点代码。

```
BOOL CGameLogic::Prompt(VERTEX avPath[4], int &nVexnum)
{
    //双重 for 循环……
    for(…)
    {
        //……
        // 找到一个图片编号不为 BLANK 的点
        VERTEX svVex1=GetVex(nRow, nCol);
        for(int nRow=svVex1.nRow; nRow <MAX_ROW; nRow++)
        {
            for(int nCol=0; nCol <MAX_COL; nCol++)
            {
                if((nRow* MAX_COL+ nCol >svVex1.nRow* MAX_COL+ svVex1.nCol)
                && (m_aMap[nRow][nCol] ==svVex1.nPicNum))
                {
                    // 找到 V1 后面的一个与 V1 值相等的顶点 V2
                    VERTEX svVex2=GetVex(nRow, nCol);
                    return TRUE;
                }
            }
        }
    }
    return FALSE;
}
```

（3）判断是否连通。

找到 V1 和 V2 之后，判断 V1 和 V2 是否满足连通条件。如果连通，获得连通路径；否则进行新的一轮搜索。修订 Prompt()，增加连通判断。

```
BOOL CGameLogic::Prompt(VERTEX avPath[4], int &nVexnum)
{
    //双重 for 循环……
    for(……)
    {
        //……
        // 找到一个图片编号不为 BLANK 的点
        VERTEX svVex1=GetVex(nRow, nCol);
        //双重 for 循环……
        for(…..)
        {
            // 找到 V1 后面的一个与 V1 值相等的顶点 V2
            VERTEX svVex2=GetVex(nRow, nCol);
            if(IsLink(svVex1, svVex2))        // 判断两个点是否连通
            {
                nVexnum=GetVexPath(avPath);      // 获得连通路径
                m_nVexNum=0;      // 将关键点个数设置为 0
                return TRUE;
            }
        }
    }
    return FALSE;
}
```

（4）代码优化。

由于 Prompt()函数中嵌套的层次太深,不利于代码的阅读和理解,因此,可以将搜索连通路径的代码提取出来,封装成一个 FindVertex()函数,通过传入一个顶点,来搜索与该点相连通的另一个顶点。

① 在 CGameLogic 类添加 FindVertex()方法。

为 CGameLogic 类添加成员方法 FindVertex(),访问权限为 protected,搜索连通点,调用 IsLink(),判断该点是否有连通点。

```
BOOL CGameLogic::FindVertex(VERTEX svVex1)
{
    for(int nRow=svVex1.nRow; nRow <MAX_ROW; nRow++)
    {
        for(int nCol=0; nCol <MAX_COL; nCol++)
        {
            // 找到一个与 svVex1 图片种类花色相同并且未被搜索过的点
            if((nRow*MAX_COL+ nCol >  svVex1.nRow* MAX_COL+ svVex1.nCol)
                    && (m_aMap[nRow][nCol] ==svVex1.nPicNum))
            {
                VERTEX svVex2=GetVex(nRow, nCol);
                // 判断两个点是否连通
```

```
                if(IsLink(svVex1, svVex2))
                {
                    return TRUE;
                }
            }
        }
    }
    return FALSE;
}
```

② 修改 CGameLogic 类 Prompt()方法。

重构 Prompt()方法，调用 FindVertex()方法，实现提示判断。

```
BOOL CGameLogic::Prompt(VERTEX avPath[4], int &nVexnum)
{
    for(int nRow= 0; nRow <MAX_ROW; nRow++)
    {
        for(int nCol= 0; nCol <MAX_COL; nCol++)
        {
            // 找到一个图片编号不为 BLANK 的点
            if(m_aMap[nRow][nCol]!=BLANK)
            {
                VERTEX svVex1=GetVex(nRow, nCol);
                // 搜索它的连通点
                if(FindVertex(svVex1))
                {
                    // 返回路径顶点
                    nVexnum=GetVexPath(avPath);
                    m_nVexNum=0;
                    return TRUE;
                }
            }
        }
    }
    return FALSE;
}
```

2）实现提示

（1）为"提示"按钮添加消息响应函数。

利用类向导给"提示"按钮（IDC_BTN_PROMPT）添加 BN_CLICKED 消息响应函数 OnClickedBtnPrompt()。在函数中调用 CGameLogic∷Prompt()函数，实现提示功能。如果有可以消除的一对元素图片，则获得连通路径，并且绘制提示框和提示线，否则提示"没有可以消除的图片"。

```
void CLLKDlg::OnClickedBtnPrompt()
{
```

```
// 获得路径
VERTEX avPath[4];
int nVexnum= 0;
// 提示
if(m_GameLogic.Prompt(avPath, nVexnum))
{
    // 画提示框
    DrawTipFrame(avPath[0].nRow, avPath[0].nCol);
    DrawTipFrame(avPath[nVexnum-1].nRow, avPath[nVexnum-1].nCol);
    // 画提示线
    DrawTipLine(avPath, nVexnum);
    // 暂停 0.5秒钟
    Sleep(500);
    // 刷新
    InvalidateRect(m_rtGame, FALSE);
}
else
{
    MessageBox(_T("没有可以消除的图片"));
}
}
```

编译和调试运行，在游戏消子过程中，单击"提示"按钮，效果如图 3-65 所示。

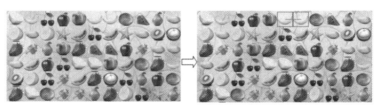

提示之前　　　　　　　　　　　提示之后

图 3-65

（2）为"提示"菜单添加消息响应函数。

在消息映射函数中添加代码，将提示菜单（ID ＿ MENU ＿ PROMPT）与 OnClickedBtnPrompt()函数通过 COMMAND 消息绑定，实现代码的复用。

```
BEGIN_MESSAGE_MAP(CLLKDlg, CDialogEx)
    ON_BN_CLICKED(IDC_BTN_ PROMPT, &CLLKDlg::OnClickedBtnPrompt)
    ON_COMMAND(ID_MENU_PROMPT, &CLLKDlg::OnClickedBtnPrompt)
END_MESSAGE_MAP()
```